复旦卓越　普通高等教育 21 世纪规划教材　机械类

机械加工设备

主　编　沈志雄　徐福林
副主编　周立波　张梦梦
主　审　刘素华

U0305859

复旦大学出版社

内 容 提 要

　　本教材的主要内容分为普通金属切削机床和数控机床两部分。普通金属切削机床部分的内容有概述、车床、磨床、齿轮加工机床、其他类型机床；数控机床部分内容有数控机床概述、数控机床的数控系统与驱动系统、数控机床的机械结构、典型数控机床。

　　本书为本科及高职学院机械制造工艺与设备专业的课程教材，也可供职工大学、业余大学有关专业使用，供企业、研究单位从事机械制造的技术人员参考。

前　言

　　任何庞大和复杂的机器都是由各种零件组成,精度和表面质量要求较高的零件,一般都需要经过切削加制造。金属切削机床以及后来发展的数控机床就是用切削方法将金属毛坯加工成机器零件的一种机器,是制造机器的机器,故有"工作母机"或"工具机"之称,习惯上简称为机床。

　　随着科学技术的不断发展,精密铸造、精密锻造、冷挤(冷轧)技术、电加工以及近年来发展的3D制造技术等,可以部分地取代切削加工。但由于切削加工具有加工精度高、生产效率高以及加工成本低等优点,故大多数零件还必须通过切削加工来实现。尤其是要获得高精度的金属零件,主要还是经过切削加工完成。所以目前金属切削机床仍是机械制造工厂的主要设备,它所承担的工作量约占机器制造总工作量的40%～60%。

　　本教材的主要内容分为普通金属切削机床和数控机床两部分。

　　普通金属切削机床部分的内容主要有金属切削机床的分类、机床的运动及传动装置、机床的传动系统的调整计算,车床、磨床、齿轮加工机床及其他类型机床的加工方法、工艺范围、主要技术规格、传动系统及主要部件的机械结构。

　　数控机床部分的主要内容有数控机床的工作原理、组成、分类及主要性能指标,数控机床的数控系统与驱动系统、数控机床的机械结构、典型数控机床等。

　　通过本课程的学习应达到下面基本要求:

　　1. 了解常用金属切削机床包括数控机床的技术性能,能根据零件加工要

求和加工条件正确选择机床;

2. 掌握常用金属切削机床和数控机床的传动原理、典型结构方面的知识,具有对一般机床进行传动和结构分析及调整计算的能力。

本书第1~4章由上海工程技术大学沈志雄编写,5~6章由上海工程技术大学张梦梦编写,第7~8章由上海工程技术大学徐福林编写,第9~10章由上海工程技术大学周立波编写。

全书由沈志雄负责统稿,由上海工程技术大学刘素华负责审稿。

由于编者水平有限,错误和不足之处在所难免,恳请读者批评指正。

编　者

2015.5

目　　录

第 **1** 章

概　　述

1.1　机械制造过程及方法

1.1.1　生产过程与工艺过程

生产过程是指将原材料或半成品转变到成品的所有劳动过程。这种成品可以是一台机器、一个部件,或某一种零件。产品的生产过程包括:

(1) 原材料(半成品、元器件、标准件、工具、工装、设备)的购置、运输、检验及保管;

(2) 生产准备工作,如编制工艺文件,专用工装的设计与制造等;

(3) 毛坯制造;

(4) 零件的机械加工及热处理;

(5) 产品装配与调试,性能试验以及产品的包装、发运等工作。

在生产过程中,凡是直接改变生产对象的尺寸、形状、性能(包括物理性能、化学性能、机械性能等)以及相对位置关系的过程,统称为工艺过程。

工艺过程又可分为铸造、锻造、冲压、焊接、机械加工、装配等过程。用机械加工的方法直接改变毛坯形状、尺寸和机械性能等,使之变为合格零件的过程,称为机械加工工艺过程,又称工艺路线或工艺流程。

1.1.2　机械加工方法

凡是要获得符合零件图纸要求的尺寸精度、形状和相互位置精度、表面质量等技术要求的零件,一般都要用机械加工的方法。机械加工方法是指利用刀具和工件的相对运动,从工件上切除多余的材料,获得符合尺寸精度、形状和位置精度以及表面质量要求的零件的加工方法,也常称为金属切削加工。

机械加工中,工件表面的形成是由工件与刀具之间的相对运动和刀具切削刃的形状共同实现的。从工件表面的成形原理划分,加工方法有轨迹法、成形法、相切法、展成法等4类。如图1-1所示。

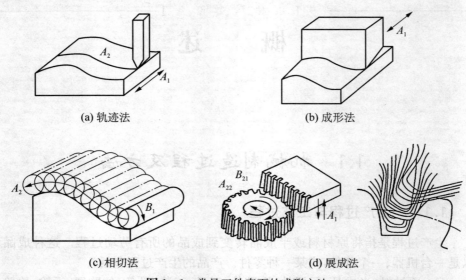

(a) 轨迹法　　　　　　　　　　　　　　(b) 成形法

(c) 相切法　　　　　　　　　　　　　　(d) 展成法

图1-1　常见工件表面的成形方法

(1) 轨迹法　如图1-1(a)所示,刀具切削刃与工件表面之间为点接触,通过刀具与工件之间的相对运动,由刀具刀尖的运动轨迹来实现表面的成形。

(2) 成形法　如图1-1(b)所示,刀具切削刃与工件表面之间为线接触,切削刃的形状与形成工件表面的一条发生线完全相同,另一条发生线由刀具与工件的相对运动来实现。

(3) 相切法　如图1-1(c)所示,刀具边旋转边做轨迹运动,加工工件的方法。

(4) 展成法(范成法)　如图1-1(d)所示,加工各种齿形表面时,刀具的切削刃与工件表面之间为线接触,刀具与工件之间做展成运动(或称啮合运动),齿形表面的母线是切削刃各瞬时位置的包络线。

机械加工的方法很多,主要有车削、铣削、钻削、镗削、刨削、磨削、齿轮加工和数控加工等,各种加工方法的加工(工艺)范围不同,见表1-1。

表 1 - 1　各种加工方法的加工（工艺）范围

方法	车削	铣削	刨削	钻削	镗削	磨削	齿轮加工	数控加工
加工形状	回转面	平面	狭长平面	内回转面	较大内回转面	各种表面精加工	渐开线齿形	加工形状复杂精度高的表面
工程用语	轴类零件	平面	狭长平面	孔	大直径孔	零件的精加工	渐开线轮齿	加工形状复杂精度高的表面
机床	车床	铣床	刨床	钻床	镗床	磨床	齿轮加工机床	数控机床
刀具	车刀	铣刀	刨刀	钻头	镗刀	砂轮	齿轮加工刀具	数控刀具

1.2　金属切削机床分类

1.2.1　机床的分类

（1）按机床加工性质与所用刀具分类　根据我国制定的机床型号编制方法（GB/T15375 - 94），目前将机床共分为 11 类：车床、钻床、镗床、磨床、齿轮加工机床、螺纹加工机床、铣床、刨插床、拉床、锯床及其他机床。机床所用的刀具不同（如车刀、刨刀、铣刀、钻头及砂轮等），所能加工的零件，尤其是所形成的表面形状就各不相同，机床的结构也就不同。

（2）按机床在使用中的通用程度分类　机床按其通用程度（应用范围）可分为通用机床、专门化机床和专用机床。通用机床的加工范围较广，通用性较强，可用于加工多种零件的不同工序，如卧式车床、万能外圆磨床、摇臂钻床等。通用机床主要适用于单件及小批量生产。专门化机床的工艺范围较窄，专门用于加工某一类或几类零件的某一道或几道特定工序，如曲轴磨床、凸轮轴车床、花键轴铣床等。专门化机床适用于成批生产。专用机床的工艺范围最窄，只能用于加工某一种零件的某一道特定工序，如加工机床主轴箱的专用镗床、加工车床导轨的专用磨床以及在汽车、拖拉机制造业中大量使用的各种组合机床等。专用机床适用于大批、大量生产。

（3）按机床工作精度分类　同类型机床按工作精度的不同可分为普通精度机床、精密机床和高精度机床。

（4）按机床的重量分类　机床按重量不同可分为仪表机床、中型机床（一般机床）、大型机床（重量达到 10 t）、重型机床（重量达到 30 t 以上）和超重型机床（重量达到 100 t 以上）。

此外，机床还可按照主要工作部件的多少分为单轴、多轴，或单刀、多刀机床；按照机床布局方式不同，可分为卧式、立式、台式、单臂、单柱、双柱、马鞍机床；按照自动化程度不同，可分为手动、机动、半自动和自动机床；按照机床的自动控制方式，可分为仿形机床、数字控制机床（简称数控机床）。随着机床工业的不断发展，其分类方法也将不断修订和补充。

1.2.2　机床的技术参数与尺寸系列

机床的技术参数是表示机床尺寸大小及其工作能力的各种技术数据，一般包括以下几方面：

（1）主参数和第二主参数　主参数是机床最主要的一个技术参数，它直接反映机床的加工能力，并影响机床其他参数和基本结构。通用机床和专门化机床主参数通常以机床的最大加工尺寸（最大工件尺寸或最大加工面尺寸），或与此有关的机床部件尺寸来表示。例如，卧式车床为床身上最大工件回转直径，摇臂钻床为最大钻孔直径，升降台铣床为工作台面宽度等。有些机床，为了更完整地表示出它的工作能力和加工范围，还规定有第二主参数。例如，卧式车床的第二主参数为最大工件长度，摇臂钻床为主轴轴线至立柱母线之间的最大跨距等。常用机床的主参数和第二主参数见附录Ⅰ表 4。

（2）主要工作部件的结构尺寸　这是一些与工件尺寸大小以及工、夹、量具标准化有关的参数。例如，主轴前端锥孔尺寸、工作台工作面尺寸等。

（3）主要工作部件移动行程范围　例如，卧式车床刀架纵向、横向移动最大行程，尾座套筒最大行程等。

（4）主运动、进给运动的速度和变速级数，快速空行程运动速度等。

（5）主电动机、进给电动机和各种辅助电动机的功率。

（6）机床的轮廓尺寸（长×宽×高）和重量。

机床的技术参数是用户选择和使用机床的重要技术资料，在每台机床的说明书中均详细列出。

在机械制造业的不同生产部门中，需在同一类型机床上加工的工件及其尺寸相差悬殊。为了充分发挥机床的效能，每一类型机床应有大小不同的几种规格，以便不同尺寸范围的工件可以对应地选用相应规格的机床进行加工。

机床的规格大小，常用主参数表示。某一类型不同规格机床的主参数数列，便是该类型机床的尺寸系列。为了既能有效地满足国民经济各部门使用机床的需要,又便于机床制造厂组织生产,某一类型机床尺寸系列中不同规格应作合理分布。通常是按等比数列的规律排列。例如,中型卧式车床的尺寸系列为250、320、400、500、630、800、1 000、1 250(mm),即不同规格卧式车床的主参数为公比等于1.25的等比数列。

1.2.3 机床的型号

机床型号是机床产品的代号,用以简明地表示机床的类型、主要技术参数、性能和结构特点等。我国机床的型号由汉语拼音字母和阿拉伯数字按一定规律排列组成。例如,CA6140 表示床身上工件最大回转直径 400 mm 的卧式车床;MG1432A 表示最大磨削直径 320 mm,经过第一次重大改进的高精度万能外圆磨床。上述型号中字母及数字的涵义如下:

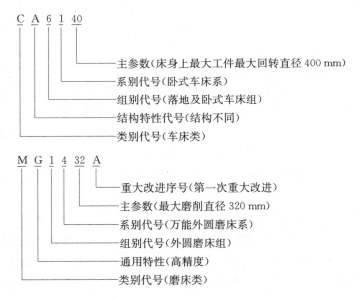

我国机床型号编制方法自1957 年第一次颁布以来,随着机床工业的发展,曾多次修订和补充,现行的编制方法(GB/T15375 - 94《金属切削机床型号编制方法》是 1994 年颁布的。常用机床组、系代号及主参数见附录。目前工厂中使用的机床,有相当一部分其型号是按照前几次颁布的机床型号编制方法编制的,这些型号的涵义可查阅 1957、1959、1963、1971 和 1976 年历次颁布的机床型号编制方法。

1.3 机床的运动及传动装置

1.3.1 机床的运动

机械零件的形状多种多样,但其内、外形轮廓总由平面、圆柱面、圆锥面、球面、螺旋面以及各种成形面组成。机床上加工零件,其实质就是借助一定形状的切削刃以及切削刃与被加工表面之间一定规律的相对运动,得到所需形状的

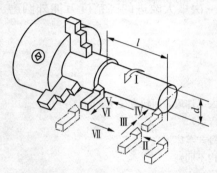

图 1-2 车削圆柱表面所需运动

表面。如图 1-2 所示,车床车削圆柱表面,把工件安装于三爪自定心卡盘并起动,首先通过手动将车刀在纵、横向(运动 Ⅱ 和运动 Ⅲ)靠近工件;然后根据所要求的加工直径 d,将车刀横向切入一定深度(运动 Ⅳ);接着通过工件旋转(运动 Ⅰ)和车刀的纵向直线运动(运动 Ⅴ)车削出圆柱表面;当车刀纵向移动所需长度 l 时,横向退离工件(运动 Ⅵ)并纵向退回至起始位置(运动 Ⅶ),车削出所需圆柱表面。

机床在加工过程中需要多种运动,按其功用不同主要分为表面成形运动和辅助运动两类。

表面成形运动是保证得到工件要求的表面形状的运动。表面成形运动是机床上最基本的运动,是机床上的刀具和工件为了形成表面发生线而做的相对运动。图 1-2 中,工件的旋转运动 Ⅰ 和车刀的纵向运动 Ⅴ 是形成圆柱表面的成形运动。

表面成形运动又分主运动和进给运动,图 1-3 所示为几种常见的切削加工方法的主运动和进给运动。

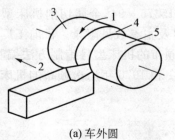

(a) 车外圆

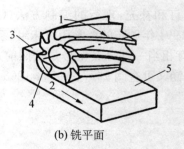

(b) 铣平面

图 1-3

 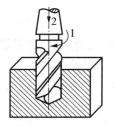 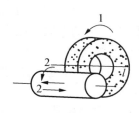

　　　(c) 刨平面　　　　　　　　(d) 钻孔　　　　　　　　(e) 磨外圆

1-主运动　2-进给运动　3-待加工表面　4-过渡表面　5-已加工表面

图 1-3　常见切削加工方法的切削运动

　　(1) 主运动　主运动是切除工件上的被切削层,使之转变为切屑的运动。它是成形运动中的主要运动。主运动的形式有主轴的旋转、刀架或工作台的直线往复运动等。例如,车床上工件的旋转运动,钻床、镗床、铣床及外圆磨床上刀具的旋转运动。

　　(2) 进给运动　进给运动是使工件切削层相继投入切削,从而加工出完整表面所需的运动,如车外圆时车刀的纵向移动、铣平面时工件的纵向移动、刨平面时工件的横向间歇移动等。

　　机床在加工过程中除完成成形运动外,还需完成一系列的辅助运动。如图1-2中,运动 Ⅱ、Ⅲ、Ⅳ、Ⅵ及Ⅶ与表面成形过程没有直接关系,都属于辅助运动。辅助运动的作用是实现机床加工过程中所必须的各种辅助动作,为表面成形创造条件,主要有以下几种:

　　(1) 切入运动　刀具相对工件切入一定深度,以保证工件达到要求的尺寸。

　　(2) 分度运动　多工位工作台、刀架等周期转位或移位,以便依次加工工件上的各个表面,或依次使用不同刀具对工件进行顺序加工。

　　(3) 调位运动　加工开始前机床有关部位移位,以调整刀具和工件之间的相对位置。

　　(4) 其他各种空行程运动　如切削前后刀具或工件的快速趋近和退回运动,开车、停车、变速、变向等控制运动,装卸、夹紧、松开工件的运动等。

1.3.2　机床传动链

　　为了实现加工过程中所需的各种运动,机床必须具备 3 个基本部分:运动源、执行件和传动件。

　　(1) 运动源　为执行件提供运动和动力的装置,如交流异步电动机、直流或交

流调速电动机和伺服电动机等。

（2）执行件　执行机床运动的部件，如主轴、刀架、工作台等，用来装夹刀具或工件，直接带动它们完成一定形式的运动，并保证其运动轨迹的准确性。

（3）传动件　传递运动和动力的装置，它把执行件和运动源或有关的执行件之间联系起来，使执行件获得一定速度和方向的运动，并使有关执行件之间保持某种确定的相对运动。

机床在完成某种加工内容时，为了获得所需要的运动，需要一系列的传动件使运动源和执行件，或使执行件和执行件之间保持一定的传动联系。这种构成传动联系的一系列顺序排列的传动件，称为传动链。根据传动联系的性质，传动链分为外联系传动链和内联系传动链两类：

（1）外联系传动链　外联系传动链是联系运动源和机床执行件之间的传动链，其任务只是把运动和动力传递到执行件上。它的传动比大小只影响加工速度或工件的表面粗糙度，而不影响工件表面形状的形成，所以，并不要求运动源和执行件之间有严格的传动比关系。例如，车削螺纹时，从电动机传到机床主轴的传动链就是外联系传动链，它只影响车削螺纹速度的快慢，而对螺纹表面的形成并无影响。

（2）内联系传动链　内联系传动链用来连接有严格运动关系的两执行件，以保证运动的轨迹准确，从而获得准确的加工表面形状和较高的加工精度。例如车床的车螺纹传动链，其两端件为主轴及刀架，在加工中要求严格保证主轴每转一周，刀架纵向移动一个导程，以得到准确的螺纹表面形状及导程。

通常，机床有几种运动，就相应有几条传动链。例如，卧式机床需要有主运动、纵向机动进给运动、横向机动进给运动及车螺纹运动，相应就有主运动传动链、纵向进给传动链、横向进给传动链及车螺纹传动链等。

1.3.3　机床机械传动装置

机床常用的传动装置有机械、液压（气动）和电气传动装置，以及由这3种传动装置组合的复合传动装置。机床的机械传动装置通常由离合器和换置机构组成。换置机构又由变速机构、换向机构和变换运动形式的机构等组成。

1.3.3.1　离合器

离合器用来使安装在同轴线的两轴与空套其上的传动件（如齿轮、带轮等）保持结合或脱开，以传递或断开运动，从而实现机床运动的起动、停止、变速、变向等。离合器的种类较多，按其结构和用途可分为摩擦式离合器、啮合式离合器、超越离合器和安全离合器等。

（1）摩擦式离合器　摩擦式离合器是利用相互压紧的两个零件之间的摩擦力来传递运动和转矩的。摩擦离合器可在运转中接合，接合过程平稳。当载荷过大时,摩擦片的接触面可产生相对滑动,能保护其他机件不受损坏。但传动比不稳定,摩擦片在接合过程中的相对滑动会产生磨损和发热,且结构尺寸较大,一般只能装在转速较高的传动轴上。常用于不需要保持严格的运动关系,而要求在高速运转中接通和断开的传动装置中。

摩擦离合器的结构形式较多,机床上应用较多的是多片式摩擦离合器。多片式摩擦离合器按压紧的力源又可分为机械多片式摩擦离合器、液压离合器和电磁离合器 3 种。

图 1-4 所示为机械多片式摩擦离合器的一种。它由空套齿轮 2、外摩擦片 4、内摩擦片 5 和加压套 7 等零件组成。外摩擦片 4 的内孔空套在轴 1 上,分布于圆周的 4 个齿爪嵌入空套齿轮的缺口中;内摩擦片 5 装入空套齿轮 2 右端套中,其内

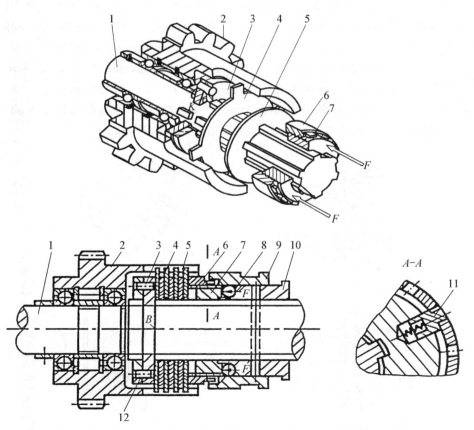

1-轴　2-空套齿轮　3-止推片　4-外摩擦片　5-内摩擦片　6-螺母　7-加压套　8-钢球
9-滑套　10-套　11-弹簧销　12-止推片

图 1-4　机械多片式摩擦离合器

花键孔与轴相配合。外摩擦片 4 左端装有止推片 12 和 3。止推片 3 在 B 槽中可以相对止推片 12 转过半个花键齿距,即 B 槽限制止推片 3 的轴向移动,彼此用销钉固定,则构成轴 1 的组合台阶面以承受压紧摩擦片压力 F。在未压紧时,安装在花键轴上的内、外摩擦片互不接触,花键轴输入的动力和运动不能传递给空套齿轮,将动力和运动切断。当操纵机构将滑套 9 向左移时,其左端内锥面把钢球 8 径向压入固定套与加压套 7 的端面的间隙中,并推动加压套 7 向左移动,带动其上的螺母 6 把内、外摩擦片压紧,通过摩擦片间的摩擦力,将轴的运动和转矩经内、外摩擦片及空套齿轮传出。此时,滑套 9 以其内孔的圆柱部分压住钢球,它们之间的作用力方向与滑套运动方向垂直,使滑套处于自锁状态,以保持作用在摩擦片上的压紧力。内外摩擦片间的间隙直接影响传递转矩的大小,当间隙过大时,输出转矩减小,而间隙过小会造成摩擦离合器不能脱开,使机床的主轴不能及时切断运动。调整时,应将弹簧销 11 压下,旋转螺母 6 使加压套 7 轴向移动,使内、外摩擦片的间隙符合要求。机械多片式摩擦离合器通常由人力(或机械)经机械操作机构控制。

(2) 啮合(牙嵌)式离合器由两个端面带爪的零件组成,如图 1-5(a、b)所示。右半离合器 2 通过平键 3 连接在轴 4 上,在同一根轴上装有端面铣有齿爪的空套齿轮(左半离合器)1,当操纵机构轴向移动右半离合器 2 时,使其与齿轮 1 上的齿爪啮合或脱开,以实现齿轮 1 与轴 4 一起旋转或断开运动联系。

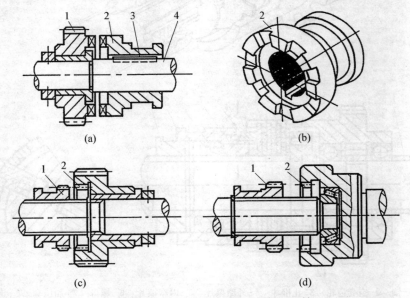

(a) (b)

(c) (d)

1-空套齿轮 2-右半离合器 3-平键 4-轴

图 1-5 啮合式离合器

齿轮式离合器由安装在同轴上的滑移齿轮 1 和空套的内齿轮 2 组成,如图 1-5(c、d)所示。操纵机构使滑移齿轮向右轴向移动与空套内齿轮啮合,将动力和运动经齿轮式离合器传出;如果使滑移齿轮左移与内齿轮脱开,离合器处于分离状态,断开运动联系。

(3) 超越离合器　超越离合器用于有快慢两个运动源交替传动的轴上,以实现运动的自动转换。根据传递运动的方向分为单向超越离合器和双向超越离合器两种类型。单向超越离合器机构如图 1-6 所示,由外壳 W、滚柱 3、星轮 4 和传动轴等组成。较慢的运动经齿轮副 1、2 带动与齿轮 2 一体的外壳 W 逆时针单方向转动,滚柱 3 在弹簧销 7 的作用下,将外壳 W 与星轮 4 卡住,经键带动轴Ⅱ低速旋转。当较高的转速也逆时针方向由电动机 M 经齿轮副 5、6 和轴Ⅱ传入时,滚柱 3 在摩擦力的作用下向后压缩弹簧,使外壳与星轮自动脱开运动联系,直接将较高转速的运动输出。当快速运动源停止转动时,外壳 W 又通过滚柱 3 带动轴Ⅱ逆时针方向慢速旋转。

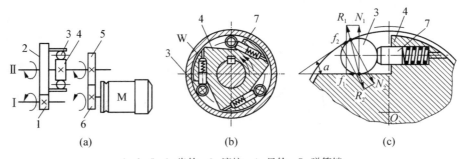

1、2、5、6-齿轮　3-滚柱　4-星轮　7-弹簧销

图 1-6　超越离合器

当外壳 W 逆时针旋转时,楔紧在斜缝中的滚柱受到 4 个力,即法向力 N_1、N_2 和摩擦力 f_1、f_2。由 N_1、f_1 组成合力 R_1,由 N_2 和 f_2 组成合力 R_2。如果要求滚柱不自动地退出楔缝,则合力 R_1 和 R_2 必须大小相等、方向相反,并且作用在一条直线上,使滚柱楔紧在外壳 W 与星形轮 4 之间的斜楔中,星轮 4 随着齿轮外壳 W 同向转动,传递慢速机动进给运动。

弹簧销 7 的作用有两个:一是星轮 4 快速转动时,吸收滚柱 3 的惯性力,滚柱 3 退入宽槽中,齿轮外壳空转;二是在快速转动停止瞬间,滚柱 3 能及时楔人斜楔,传递慢速机动进给运动,在快速-慢速转换中不会出现间断(或停止)运动(慢速机动进给)状态。

(4) 安全离合器　安全离合器是一种过载保护机构,可使机床的传动零件在过载时自动断开传动,以免机构损坏。图1-7所示为安全离合器工作原理示意图。安全离合器由两个端面带螺旋形齿爪的结合子2、3组成,左结合子2空套在轴Ⅰ上,右结合子3通过花键与轴Ⅰ相连,并通过弹簧4的作用与左结合子2紧紧啮合。在正常情况下,运动由齿轮1传至左结合子2左端的齿轮,并通过螺旋形齿爪,将运动经右结合子3传于轴Ⅰ上。当出现过载时,齿爪在传动中产生的轴向力 $F_轴$ 超过预先调好的弹簧力,右结合子压缩弹簧向右移动,并与左结合子脱开,两结合子之间打滑,从而断开传动,保护机构不受损坏。当过载现象消除后,右结合子在弹簧作用下,重与左结合子啮合,并使轴Ⅰ得以继续转动。

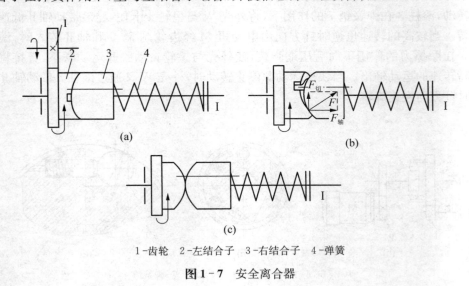

1-齿轮　2-左结合子　3-右结合子　4-弹簧

图1-7　安全离合器

1.3.3.2　变速机构

变速机构是实现机床有级变速传动的基本单元,常用定比变速机构、塔齿轮变速机构、滑移齿轮变速机构、离合器变速机构、配换齿轮变速机构和摆移齿轮机构等。

(1)定比变速机构　定比变速机构的传动比固定不变,常用于提升(或降低)执行件的运动速度,有带轮副、齿轮副和蜗轮蜗杆副等形式。带轮副传动如果用Ⅴ带传动,则由于传动带与带轮间存在弹性滑动或打滑,传动比不够稳定。采用同步齿形带传动可避免这种情况。

(2)滑移齿轮变速机构　滑移齿轮变速机构在机床传动系统中应用较为普遍。图1-8(a)所示为滑移齿轮变速机构。齿轮 z_1、z_2 和 z_3 固定在轴Ⅰ上,三联滑移齿轮组以花键与轴Ⅱ相连接,当它移动到左、中、右3个不同的位置时,传动

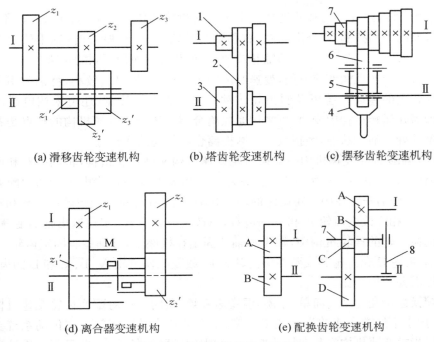

(a) 滑移齿轮变速机构   (b) 塔齿轮变速机构   (c) 摆移齿轮变速机构

(d) 离合器变速机构   (e) 配换齿轮变速机构

图 1-8 常用机械有级变速机构

副分别为 $z_1/z_{1'}$、$z_2/z_{2'}$ 和 $z_3/z_{3'}$ 相啮合,使轴 Ⅰ 与轴 Ⅱ 间有 3 种不同的传动比。对应轴 Ⅰ 的每一种转速,轴 Ⅱ 都可获得 3 种不同的转速。使用最多的是双联和三联滑移齿轮,也有少数采用四联滑移齿轮。这种变速机构结构紧凑、刚性好、传动效率高、变速方便,但不宜在运转过程中变速。

（3）塔齿轮变速机构   塔齿轮变速机构如图 1-8(b)所示,塔形带轮 1 和 3 分别固定在轴 Ⅰ 和轴 Ⅱ 上,传动带 2 可在带轮上移换调整。调整传动带在 3 个不同位置,使轴与轴间的传动比发生改变,以获得 3 种不同的转速。传动带有平带和 V 带两种形式。

（4）摆移齿轮变速机构   摆移齿轮变速机构如图 1-8(c)所示,轴 Ⅰ 上装有多个不同齿数的齿轮,通常称为塔轮。摆移架 4 能绕轴 Ⅱ 摆动并带动滑移齿轮 5 沿其轴向移动,在挂轮架的中间轴上装有与滑移齿轮 5 啮合的空套齿轮 6。将摆移架 4 移动到不同的位置,并做相应的摆动,轴 Ⅱ 上的滑移齿轮通过中间齿轮 6 与轴 Ⅰ 上的不同齿数的齿轮相啮合,以获得多种传动比。该机构刚性较差,用于早期型号车床的进给箱中。

（5）离合器变速机构   离合器变速机构如图 1-8(d)所示,固定在轴 Ⅰ 上的齿轮 z_1 和 z_2 分别与轴 Ⅱ 上的空套齿轮 $z_{1'}$ 与 $z_{2'}$ 一直保持啮合。牙嵌式离合器的中间拨套 M 通过花键与轴 Ⅱ 连接。由于两对齿轮的传动比 $z_1/z_{1'}$ 和 $z_2/z_{2'}$ 不同，当离合器的中间拨套 M 分别向左、右移动与齿轮 $z_{1'}$ 或 $z_{2'}$ 啮合时，轴 Ⅰ 的运动分别经齿轮副 $z_1/z_{1'}$ 或 $z_2/z_{2'}$ 带动轴 Ⅱ 转动，使轴 Ⅱ 得到两种不同的转速。

离合器变速机构变速方便，变速时齿轮不用移动，操纵力较小，特别适用于齿轮尺寸较大的传动系统以及斜齿轮传动。为便于电气控制，还可采用电磁离合器。如需在运转过程中变速，可采用摩擦离合器。离合器变速机构的缺点是各对齿轮副总处于啮合状态，磨损较大。摩擦离合器传动效率较低。

（6）配换齿轮变速机构　配换齿轮变速机构又称挂轮机构，常用一对和两对配换齿轮形式，如图 1-8(e)所示。一对配换齿轮的挂轮机构由可拆卸的配换齿轮 A 和 B 分别安置在中心距固定的轴 Ⅰ 和轴 Ⅱ 上，在保持配换齿轮副齿数和不变的情况下，相应改变齿轮 A 和 B 的齿数，以改变其传动比，实现输出轴的变速；在两对配换齿轮的挂轮机构中，轴 Ⅰ 和轴 Ⅱ 固定在机座上，分别装有固定齿轮 A 和齿轮 D，齿轮 C 和齿轮 B 安装在中间轴 7 上，改变配换齿轮 A、B、C 和 D 的齿数，可获得需要的传动比。

配换齿轮变速结构简单、紧凑，但变速麻烦、费时。一对配换齿轮变速机构刚性好，用于不经常变速的齿轮加工机床、半自动和自动机床等的主传动系统。两对配换齿轮变速机构安装在挂轮架 8 上的中间轴刚性较差，一般只用于进给运动和需要保持准确运动关系的传动系统中。

1.3.3.3　换向机构

换向机构用来变换机床执行件的运动方向。换向机构类型很多，常用的有圆锥齿轮换向机构和滑移齿轮换向机构。

（1）圆锥齿轮换向机构　如图 1-9(a)所示，固定在主动轴 Ⅰ 上的圆锥齿轮同时与空套在轴 Ⅱ 上的圆锥齿轮 z_2 和 z_3 相啮合，z_2 和 z_3 转向相反。与花键轴连接的离合器 M 分别与圆锥齿轮 z_2 和 z_3 的牙嵌式离合器啮合，轴 Ⅱ 就能分别获得正、反不同方向的旋转运动。

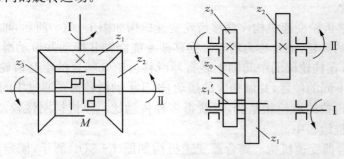

(a) 圆锥齿轮换向机构　　　　(b) 滑移齿轮换向机构

图 1-9　换向机构

（2）滑移齿轮换向机构　如图 1 - 9(b)所示,轴Ⅰ上装有双联滑移齿轮 z_1 和 $z_{1'}$,齿轮 z_2 和 z_3 装在花键轴Ⅱ上,中间轴上装有空套齿轮 z_0。当双联滑移齿轮处于右位时,z_1 与 z_2 啮合,轴Ⅱ的转向与轴Ⅰ相反;当滑动齿轮 z_2 处于左位(图示位置)时,轴Ⅰ的运动经齿轮 $z_{1'}$、z_0 和 z_3 传给轴Ⅱ,轴Ⅱ与轴Ⅰ的转向相同。

1.4　机床的传动系统及调整计算

1.4.1　机床的传动系统

为了便于了解和分析机床运动源与执行件或执行件与执行件之间的运动情况,以及它们之间的相互关系,常将传动系统中的各传动元件用规定的符号来表示,并且按照运动传递顺序,以展开图的形式把它们表达出来。这种展开图就称为传动系统图。例如,图 1 - 10 所示为一种卧式车床的传动系统图。

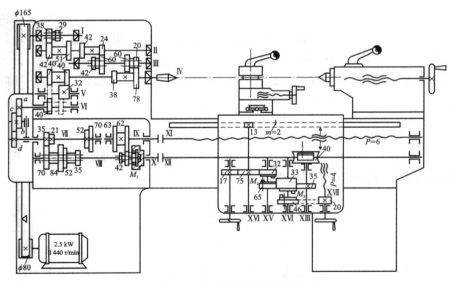

图 1 - 10　卧式车床传动系统

了解分析一台机床的传动系统时,首先应根据被加工表面的形状、采用的加工方法及刀具结构形式,了解机床所需的成形运动和辅助运动,实现各个运动的执行件和运动源是什么。从而确定机床需要有哪些传动链及其传动顺序、传动结构和传动关系。图 1 - 10 所示机床具有两个执行件,即主轴和刀架。机床工作时,

主轴旋转做主运动,刀架直线移动做进给运动。机床传动系统由主传动链、车螺纹传动链、纵向进给传动链及横向进给传动链等组成。

(1) 主运动传动链　主运动传动链由主电动机驱动,经带轮 $\frac{\phi 80}{\phi 165}$ 使轴 Ⅰ 旋转,然后经轴 Ⅰ-Ⅱ、轴 Ⅱ-Ⅲ 及轴 Ⅲ-Ⅳ(主轴)间的 3 组双联滑移齿轮变速组传动主轴,并使其获得 $2 \times 2 \times 2 = 8$ 级转速。由电动机至主轴间的传动联系,可简明地用传动路线表达式表示如下:

$$\text{电动机 (1 440 r/min)} - \frac{\phi 80}{\phi 165} - \text{Ⅰ} - \begin{bmatrix} \dfrac{29}{51} \\[6pt] \dfrac{38}{42} \end{bmatrix} - \text{Ⅱ} - \begin{bmatrix} \dfrac{24}{60} \\[6pt] \dfrac{42}{42} \end{bmatrix} - \text{Ⅲ} - \begin{bmatrix} \dfrac{20}{78} \\[6pt] \dfrac{60}{38} \end{bmatrix} - \text{Ⅳ 主轴}。$$

根据图示齿轮位置,可以得出主轴转速为

$$n_{\text{主}} = 1\,440 \times \frac{\phi 80}{\phi 165} \times \frac{38}{42} \times \frac{24}{60} \times \frac{20}{78} \approx 65\ (\text{r/min})。$$

(2) 车螺纹传动链　在车床上车制螺纹时,要求工件的旋转与刀架纵向进给保持严格的传动关系。车螺纹运动传动链的两端件是主轴和刀架。在主轴与轴 Ⅵ 间有一滑移齿轮换向机构。该机构一方面可将主轴运动传给进给系统,另外还可改变轴 Ⅵ 的转向,从而改变丝杠 Ⅺ 的转向,以便加工左、右螺纹。轴 Ⅵ～Ⅶ 间有一挂轮机构,可通过改变 $\frac{a}{b} \times \frac{c}{d}$ 挂轮组传动比,加工不同类型的螺纹。主轴运动经换向机构、挂轮机构、轴 Ⅶ～Ⅷ 间滑移齿轮变速机构传至轴 Ⅷ。当轴 Ⅷ 上滑移齿轮 $z42$ 与轴 Ⅸ 上齿轮 $z62$ 或 $z63$ 啮合时,便可通过联轴节带动丝杠,再经开合螺母机构使刀架纵向移动。车螺纹运动的传动路线表达式为

$$\text{主轴 Ⅳ} - \begin{bmatrix} \dfrac{40}{40} \\[4pt] (\text{换向}) \\[4pt] \dfrac{40}{32} \times \dfrac{32}{40} \end{bmatrix} - \text{Ⅴ} - \frac{a}{b} \times \frac{c}{d} - \text{Ⅶ} - \begin{bmatrix} \dfrac{35}{70} \\[4pt] \dfrac{21}{84} \\[4pt] \dfrac{52}{52} \\[4pt] \dfrac{70}{35} \end{bmatrix} - \text{Ⅷ} - \begin{bmatrix} \dfrac{42}{62} \\[4pt] \dfrac{42}{63} \end{bmatrix} - \text{Ⅸ} - \text{Ⅺ 丝杠}(P = 6\ \text{mm})。$$

(3) 纵、横向进给传动链　纵、横向机动进给时的进给量也是以工件每转一转,刀架移动的距离来衡量,所以在进给运动中,传动链的两端件为主轴与刀架。

机动进给时,轴Ⅷ上的滑移齿轮 $z42$ 右移,与离合器 M_1 内齿轮啮合,运动由轴Ⅷ传至光杠Ⅻ,再经蜗杆副 $\frac{1}{40}$、轴Ⅷ及齿轮 $z35$ 将运动传至空套在轴Ⅻ上的齿轮 $z33$。当离合器 M_2 接通时,运动经齿轮副 $\frac{33}{65}$、离合器 M_2、齿轮副 $\frac{32}{75}$ 传至轴ⅩⅥ上小齿轮 $z33$,从而使小齿轮 $z13$ 在固定于床身的齿条($m=2$)上滚动,并带动刀架作纵向进给运动。当离合器 M_3 接通时,运动由齿轮 $z33$ 经离合器 M_3、齿轮副 $\frac{46}{20}$ 传至横向进给丝杠ⅩⅦ,带动刀架做横向进给运动。纵、横向进给传动路线表达式为

$$\text{主轴 Ⅳ} - \boxed{\text{中间传动路线与车螺纹时相同}} - \text{Ⅷ} - M_1 - \frac{1}{40} - \text{Ⅷ} - \frac{35}{33} -$$

$$\begin{cases} \frac{33}{65} - M_2 - \frac{32}{75} - \text{ⅩⅥ} - z13 - \text{齿条}(m=2\text{ mm},\text{刀架纵向进给}), \\ M_3 - \frac{46}{20} - \text{ⅩⅦ 丝杠}(P=4\text{ mm},\text{刀架横向进给})。 \end{cases}$$

1.4.2 机床运动的调整计算

一台机床由几条传动链组成,传动链中通常包含定比传动机构和换置机构两类传动机构。定比传动机构称为固定环节,换置机构称为可调环节。机床运动的调整,就是根据加工要求变换换置机构的传动比和传动方向,如挂轮变速机构、滑移齿轮变速机构、离合器换向机构等。

调整前,先要分析加工时需要哪些工作运动及其相互间的关系,然后调整机床各个有关传动链。

车螺纹进给传动链如图 1-11 所示,确定车床挂轮换置机构的传动比:

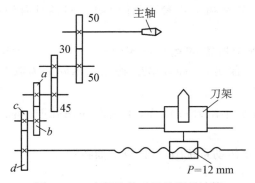

图 1-11 车螺纹传动链的调整计算

（1）传动链两端件　主轴—刀架。

（2）确定计算位移　主轴转 1 转刀架位移量 L（工件螺纹导程,mm）。

（3）列运动平衡式

$$L = 1 \times \frac{50}{50} \times \frac{30}{45} \times \frac{a}{b} \times \frac{c}{d} \times 12。$$

（4）求换置机构的传动比　将上式化简整理,得出挂轮换置机构的换置公式为

$$\mu_x = \frac{a}{b} \times \frac{c}{d} = \frac{L}{8}。$$

将所需要车削的工件螺纹导程的数值代入此换置公式,便可计算出挂轮换置机构的传动比,并根据此传动比计算出各配换齿轮的齿数。如 $L = 3$ mm,则

$$\mu_x = \frac{a}{b} \times \frac{c}{d} = \frac{L}{8} = \frac{3}{8} = \frac{1}{2} \times \frac{3}{4} = \frac{1 \times 25}{2 \times 25} \times \frac{3 \times 15}{4 \times 15} = \frac{25}{50} \times \frac{45}{60},$$

即配换齿轮的齿数为 $a = 25, b = 50, c = 45, d = 60$。

根据计算得出的传动比确定配换齿轮齿数的方法有多种,其中常用的是因子分解法和查表法。因子分解法适用于传动比的数值是有理数,且换算成分数后其分子分母可分解成数值不大的几个因子。如果传动比的数值是无理数,一般采用查表法按传动比的近似值选取配换齿轮数。这种方法会产生传动比误差。在计算和调整时必须保持一定的精确度,使误差限制在允许的范围内。

复习思考题

1. 金属切削机床是如何分类的?

2. 说出下列机床的名称和主要参数,并说明它们各具有何种通用特性或结构特性?

3. 机床在加工过程中所需的运动,CM6132、C1336、C2150×6、Z3040×16、T6112、XK5040、B2021、MG1432B 按功用不同分为哪两类运动? 它们又包含哪些运动?

4. 说出在车床上分别车削外圆锥面、车端面和钻孔时所需要的主运动和进给运动。

5. 根据图 1-12 所示传动系统图,试计算下面各题:

（1）轴 A 的转速(r/min);

（2）轴 A 转 1 转时,轴 B 转过
　　的转数;

（3）轴 B 转 1 转时,螺母 C 移动
　　的距离。

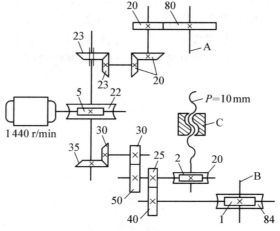

图 1－12 传动系统图

6. 阅读机床传动系统图的步骤有哪些? 试根据图 1－13 卧式车床主传动系统图
回答下面各题:

（1）找出主运动传动链
　　的两端件;

（2）写出主运动传动路
　　线表达式;

（3）分析主轴的转速级
　　数是多少;

（4）试计算主轴的最高
　　转速和最低转速。

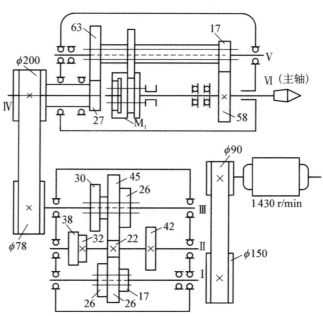

图 1－13 卧式车床主传动系统图

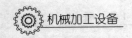

7. 根据图 1-11,车削下面各种螺纹,如何计算配换挂轮的齿数?

(1) 车工件螺距 $L = 2$ mm 的普通螺纹;

(2) 车模数 $m = 2$ mm 的蜗杆($L = m \times \pi$,用分式 22/7 近似代替 π 值);

(3) 车每英寸牙数 $N = 8$ 的英制螺纹($L = 25.4/N$,用分式 127/5 代替 25.4)。

第 2 章

车　　床

2.1　车削加工方法及卧式车床的组成

在金属切削加工中,由于大多数机械零件都具有回转表面。因此,主要用于加工回转表面的车床的应用极为广泛。在金属切削机床中所占的比例最大,约占机床总台数的 20％～35％,其中卧式车床总台数约占车床类机床的 60％左右。

2.1.1　车削加工方法

卧式车床适用于加工各种轴类、套筒类和盘类零件上的各种回转表面,如车削内外圆柱面、内外圆锥面、环槽和成形回转表面;车削端面及各种螺纹;还可用钻头、扩孔钻和铰刀进行内孔加工;还能用丝锥、板牙加工内外螺纹以及进行滚花等工作。如图 2-1 所示为在卧式车床上所能完成的典型加工表面。

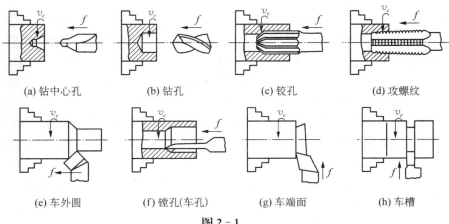

(a) 钻中心孔　　　(b) 钻孔　　　(c) 铰孔　　　(d) 攻螺纹

(e) 车外圆　　　(f) 镗孔(车孔)　　　(g) 车端面　　　(h) 车槽

图 2-1

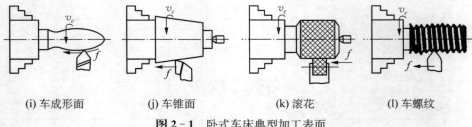

| (i) 车成形面 | (j) 车锥面 | (k) 滚花 | (l) 车螺纹 |

图 2-1　卧式车床典型加工表面

2.1.2　卧式车床的组成

图 2-2 所示 CA6140A 型卧式车床的主要组成部件如下：

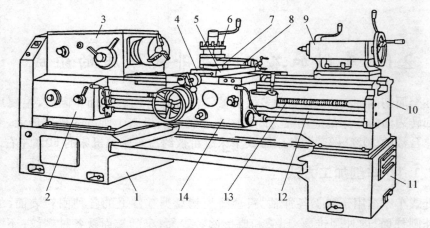

1、11-床腿　2-进给箱　3-主轴箱　4-床鞍　5-中滑板　6-刀架　7-回转盘
8-小滑板　9-尾座　10-床身　12-光杠　13-丝杠　14-溜板箱

图 2-2　CA6140A 型卧式车床的外形

（1）床身　床身 10 固定在左床腿 1 和右床腿 11 上。床身是车床的基本支承件。车床的各个主要部件均安装于床身上，并保持各部件间具有准确的相对位置。

（2）主轴箱　主轴箱又称床头箱，固定在床身 10 的左上方。其内装有主轴和变速、换向机构，由电动机经变速机构带动主轴旋转，实现主运动，并获得所需转速及转向。主轴前端可安装三爪自定心卡盘、四爪单动卡盘等夹具，用以装夹工件。

（3）进给箱　进给箱 2 固定在床身 10 的左前侧。进给箱是进给运动传动链中主要的传动比变换装置，它的功用是改变被加工螺纹的导程或机动进给的进给量。

（4）溜板箱　溜板箱 14 固定在床鞍 4 的底部，可带动刀架一起做纵向运动。溜板箱的功用是将进给箱传来的运动传递给刀架，使刀架实现纵向进给、横向进给、快速移动或车螺纹。在溜板箱上装有各种操纵手柄及按钮,可以方便地操作机床。

（5）尾座 尾座 9 安装在床身导轨上,可沿导轨移至所需要的位置。尾座套筒内安装顶尖,可支承轴件;安装钻头、扩孔钻或铰刀,可在工件上钻孔、扩孔或铰孔。

（6）光杠 光杠 12 将进给运动传给溜板箱,实现自动进给。

（7）丝杠 丝杠 13 将进给运动传给溜板箱,完成螺纹车削。

（8）床鞍 床鞍 4 与溜板箱连接,可带动车刀沿床身导轨作纵向移动。

（9）中滑板 中滑板 5 可带动车刀沿床鞍上的导轨作横向移动。

（10）小滑板 小滑板 8 可沿转盘上的导轨作短距离移动。当转盘扳转一定角度后,小滑板还可带动车刀作相应的斜向运动。

（11）回转盘 回转盘 7 与中滑板连接,用螺栓坚固。松开螺母,转盘可在水平面内转动任意角度。

（12）刀架 刀架 6 用来安装车刀,最多可同时装 4 把。松开锁紧手柄即可转位,选用所需车刀。

2.1.3 卧式车床的技术参数

卧式车床的第一主参数是床身上工件最大回转直径,第二主参数是最大加工长度。此外还有主轴的转速范围、能通过主轴孔的最大棒料直径、主轴中心线到床身矩形导轨的距离（中心高）、刀架上最大回转直径、车螺纹及蜗杆的范围、进给量范围、主电动机功率等。CA6140A 型卧式车床的主要技术参数如下:

床身上最大工件回转直径	400 mm
刀架上最大工件回转直径	210 mm
最大工件长度（4 种）	750 mm、1 000 mm、1 500 mm、2 000 mm
主轴中心至床身平面导轨距离	205 mm
主轴孔前端锥度	莫氏 6 号
尾座套筒孔锥度	莫氏 5 号
主轴转速:	
正转（24 级）	11~1 600 r/min(50 Hz)
反转（12 级）	14~1 580 r/min(50 Hz)
车螺纹范围:	
米制（44 种）	1~192 mm
英制（20 种）	2~24 牙/in(25.4 mm)
车蜗杆范围:	
模数（39 种）	0.25~48 mm
径节（37 种）	1~96

进给量(纵、横各 64 种)：

纵向标准进给量	0.08~1.59 mm/r
纵向缩小进给量	0.028~0.054 mm/r
纵向加大进给量	1.71~6.33 mm/r
横向标准进给量	0.04~0.795 mm/r
横向缩小进给量	0.014~0.027 mm/r
横向加大进给量	0.86~3.16 mm/r
纵向快移速度	4 m/min(50 Hz)
横向快移速度	2 m/min(50 Hz)

刀架：

最大横向行程	320 mm
小滑板最大行程	140 mm
刀架转盘回转角度	±90°
主电动机功率	7.5 kW

机床工作精度：

圆度	0.01 mm
圆柱度	0.01 mm/100 mm
螺距精度	0.04 mm/100 mm
	0.06 mm/300 mm
精车平面平面度	0.02/400 mm
表面粗糙度	$Ra2.5$~1.25

2.2　CA6140A 卧式车床的传动系统

2.2.1　主运动系统

图 2-3 所示为 CA6140A 卧式车床的传动系统。主运动传动链的功用是把电动机的运动传给主轴，使主轴带动工件实现主运动。

运动由电动机经 V 形带传至主轴箱中的 I 轴。I 轴上装有双向多片式摩擦离合器 M_1，它的作用是使主轴正转、反转或停止。M_1 的左、右两部分分别与在 I 轴上的左、右空套齿轮连接在一起。当压紧离合器 M_1 左部摩擦片时，I 轴的运动经 M_1 及齿轮副 58/36 或 53/41 传给 II 轴。这时主轴正转。当压紧离合器 M_1 右部的摩擦片时，运动经 M_1 及齿轮 $z50$ 传给轴 VII 上的空套齿轮 $z34$。再传给轴 II

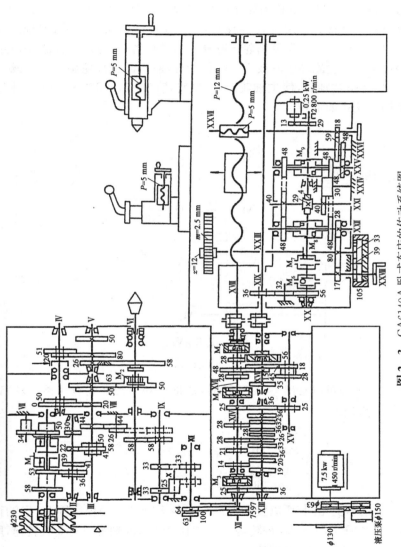

图 2 - 3 CA6140A 卧式车床的传动系统图

上的 $z30$，使Ⅱ轴转动，这时，由于增加了一次外啮合，而使主轴反转。当 M_1 处于中间位置时，主轴停止。

Ⅱ轴的运动通过三联滑移齿轮（22/58、30/50、39/41）传至Ⅲ轴。Ⅲ轴到主轴Ⅵ的传动，由于Ⅵ轴上滑移齿轮 $z50$ 的位置有两个，因此有两种不同的传动路线。滑移齿轮 $z50$ 移到左端位置，运动经 63/50 直接传给主轴Ⅵ，实现高速转动（$n=500\sim1\,600$ r/min）。滑移齿轮 $z50$ 移到右端位置时，齿形离合器 M_2 啮合，于是Ⅲ轴的运动经齿轮副 20/80 或 50/50 传给Ⅳ轴，再经过齿轮副 20/80 或 51/50，26/28 及 M_2 传给主轴Ⅵ，使主轴获得中、低转速（$n=11\sim560$ r/min）。主轴传动系统的结构表达式如下：

$$
\text{电动机} - \frac{\phi130}{\phi230} - \text{I} -
\left\{
\begin{array}{l}
\overrightarrow{M_1} - \left\{\begin{array}{l}\dfrac{58}{36}\\[4pt]\dfrac{53}{41}\end{array}\right. \\[20pt]
\overrightarrow{M_1} - \dfrac{50}{34} - \text{VII} - \dfrac{34}{30}
\end{array}
\right\}
\text{II} -
\left\{\begin{array}{l}\dfrac{39}{41}\\[4pt]\dfrac{22}{58}\\[4pt]\dfrac{30}{50}\end{array}\right.
\text{III} -
$$

$$
\left\{\begin{array}{l}\dfrac{20}{80}\\[4pt]\dfrac{50}{50}\end{array}\right.
\text{IV} -
\left\{\begin{array}{l}\dfrac{20}{80}\\[4pt]\dfrac{51}{50}\end{array}\right.
\text{V} - \dfrac{26}{58} - \overrightarrow{M_2}
\left.\begin{array}{c}\\ \\ \\ \end{array}\right\} - \text{VI（主轴）}
$$

$$
\cdots\cdots \dfrac{63}{50} - \overleftarrow{M_2}
$$

$$N = 7.5 \text{ kW},$$
$$n = 1\,450 \text{ r/min}.$$

由传动系统图可以看出，主轴正转时，从Ⅲ轴到Ⅴ轴之间有 4 条传动路线，它们的传动比分别是

$$i_1 = \frac{20}{80} \times \frac{20}{80} = \frac{1}{16}; \quad i_2 = \frac{20}{80} \times \frac{51}{50} \approx \frac{1}{4};$$

$$i_3 = \frac{50}{50} \times \frac{20}{80} = \frac{1}{4}; \quad i_4 = \frac{50}{50} \times \frac{51}{50} \approx 1.$$

其中 i_2 与 i_3 基本上相同，所以实际上只有 3 种不同的传动比。因此，主轴正转时可获得 $2 \times 3 \times (1+3) = 24$ 种转速；而主轴反转时，因轴Ⅲ只有 3 级转速，所以只可获得 $3 \times (1+3) = 12$ 种转速。

主轴的转速可按下列运动平衡式计算：

$$n_{\text{主}} = 1\,450 \times \frac{130}{230} \times (1-\varepsilon) \times u_{\text{I-II}} \times u_{\text{II-III}} \times u_{\text{III-IV}},$$

式中，$n_主$ 为主轴转速，r/min；ε 为 V 形带传动的滑动系数，$\varepsilon = 0.02$；$u_{I\text{-}II}$、$u_{II\text{-}III}$、$u_{III\text{-}IV}$ 为轴 I-II、II-III、III-IV 间的可变传动比。

应用上述运动平衡式，可以计算出主轴正转时的 24 级转速为 11～1 600 r/min。同理，也可计算出主轴反转时的 12 级转速为 14～1 580 r/min。车床主轴反转通常用于车削螺纹时的退回刀架。为了节省刀架退回时间，主轴反转的转速比正转的转速高。

2.2.2　进给传动系统

进给传动系统的动力来源也是主电动机。运动由电动机经主运动传动链和进给运动传动链传至刀架，使刀架带着车刀实现机动的纵向进给、横向进给或车削螺纹。虽然刀架移动的动力来自电动机，但由于刀架的进给量以及螺纹导程是以主轴每转一转时刀架的移动量来表示的（mm/r），所以在分析进给运动传动链时，把主轴作为传动链的起点，而把刀架作为传动链的终点，即进给运动传动链的两端件是主轴和刀架。

CA6140A 型卧式车床能车削米制、英制、模数蜗杆和径节蜗杆等 4 种标准螺纹，此外，还可以车削大导程、非标准和较精密的螺纹。这些螺纹可以是右旋的，也可以是左旋的。各种螺纹传动路线表达式如下：

　　根据上述传动路线表达式,可以列出每种螺纹的运动平衡式。无论车削哪一种螺纹,主轴与刀具之间必须保证严格的传动关系,即主轴每转一转,刀具应均匀地移动一个工件螺纹的导程 $L_工$。因此,可列出车螺纹的传动链计算式为

$$L_工 = l \times u_。 \times u_x \times L_丝,$$

式中,$L_工$ 为工件螺纹的导程(mm);$u_。$ 为从主轴到丝杠之间全部定比传动机构的固定传动比,这是一个常数;u_x 为从主轴到丝杠之间全部换置机构的可变传动比;$L_丝$ 为车床丝杠螺距,CA6140A 车床丝杠螺距为 12 mm。

2.2.2.1　车螺纹传动链

　　(1) 车米制螺纹　车米制螺纹时,进给箱中的离合器 M_5 合上,M_3 和 M_4 脱开。此时运动由主轴经齿轮副 58/58,换向机构 33/33,交换挂轮 63/75(中间轮 100),传至进给箱的轴ⅩⅡ,再经齿轮副 25/36、轴ⅩⅢ～ⅩⅣ间的滑移齿轮变速机构、齿轮副 $(25/36) \times (36/25)$ 传至ⅩⅤ轴。再经轴ⅩⅤ～ⅩⅦ间的两组滑移齿轮变速机构(增倍机构)和离合器 M_5 传给丝杆ⅩⅧ($P = 12$ mm)。合上溜板箱中的开合螺母,使之与丝杆啮合,就可车削螺纹。

　　传动路线中,轴Ⅸ～Ⅺ间的换向机构用于改变丝杆的旋转方向,以适应车削右旋或左旋螺纹。轴ⅩⅢ～ⅩⅣ之间的齿轮变速机构有 8 对不同的齿轮啮合,以获得各种基本螺纹变速传动比 $u_基$。轴ⅩⅤ～ⅩⅦ间的齿轮变速机构,有 4 种成倍数增加的传动比 $u_倍$,以扩大或缩小前面的基本螺纹传动比,以便车削各种不同导程的螺纹。根据车螺纹时的传动路线结构式可知,车削米制螺纹的传动路线计算式如下:

$$主轴Ⅵ — \frac{58}{58} — Ⅸ \left\{ \begin{array}{l} \dfrac{33}{33}\,(右旋螺纹) \\[2mm] \dfrac{33}{25} \times \dfrac{25}{33}\,(左旋螺纹) \end{array} \right\} — Ⅺ — \frac{63}{100} \times \frac{100}{75} — Ⅻ — \frac{25}{36} — Ⅻ — u_基 —$$

$$— ⅩⅣ — \frac{25}{36} \times \frac{36}{25} — ⅩⅤ — u_基 — ⅩⅦ — M_5 — ⅩⅧ(丝杠) — 刀架$$

　　基本可变传动比 $u_基$ 共有 8 种,近似按等差数列的规律排列,分别为 6.5/7、7/7、8/7、9/7、9.5/7、10/7、11/7 和 12/7。增倍可变传动比 $u_倍$ 共有 4 种,按倍数关系排列。用于扩大机床车削螺纹导程的种数,分别为 1/8、1/4、1/2 和 1。

　　由此可列出车削米制螺纹时的运动平衡式:

$$L_工 = 1 \times \frac{58}{58} \times \frac{33}{33} \times \frac{63}{100} \times \frac{100}{75} \times \frac{25}{36} \times u_基 \times \frac{25}{36} \times \frac{36}{25} \times u_倍 \times 12.$$

化简后得 $L_工 = 7 \times u_基 \times u_倍$。把 $u_基$ 和 $u_倍$ 数值代入上式,可得 $8 \times 4 = 32$ 种导程值,其中符合标准的有 20 种。

(2) 车模数蜗杆 模数蜗杆是以轴向模数 m_x 表示螺距的,即 $L_工 = \pi m_x$ (mm)。除交换挂轮需换成 64/97(中间轮 100)外,其余的传动路线与车米制螺纹时完全相同。车削模数蜗杆的运动平衡式如下:

$$L_工 = \pi m_x = 1 \times \frac{58}{58} \times \frac{33}{33} \times \frac{64}{100} \times \frac{100}{97} \times \frac{25}{36} \times u_基 \times \frac{25}{36} \times \frac{36}{25} \times u_倍 \times 12。$$

上式含有特殊因子 π(即 $\frac{64}{100} \times \frac{100}{97} \times \frac{25}{36} \approx \frac{7\pi}{48}$),化简后得 $m_x = \frac{7}{4} \times u_基 \times u_倍$。

(3) 车英制螺纹 英制螺纹的螺距参数为每英寸长度上螺纹牙数 a。为计算方便,被加工的英制螺纹也应换算成以毫米表示的相应螺距值,即 $L_工 = 1/a$ 时 $= 25.4/a$ mm。车英制螺纹时选择挂轮 63/75(中间轮 100)。进给箱中 M_3 及 M_5 啮合,M_4 脱开,轴 XV 左端的滑移齿轮 $z25$ 与 XIII 的齿轮 $z36$ 相啮合。运动由轴 XII 经离合器 M_3 先传到 XIV 轴,再由双轴滑移变速机构传至 XIII 轴,再经齿轮副 36/25 传至 XV。后面的传动路线与车削米制螺纹时相同。车削英制螺纹的传动路线计算式如下:

$$L_工 = \frac{25.4}{a} = 1 \times \frac{58}{58} \times \frac{33}{33} \times \frac{63}{100} \times \frac{100}{75} \times \frac{1}{u_基} \times \frac{36}{25} \times u_倍 \times 12。$$

上式含有特殊因子 25.4(即 $\frac{63}{100} \times \frac{100}{75} \times \frac{36}{25} \approx \frac{25.4}{21}$),化简后得 $a = \frac{7}{4} \times \frac{u_基}{u_倍}$。

(4) 车大导程螺纹 CA6140A 车床在正常螺距时,能够车削的米制螺纹的最大导程是 12 mm;模数蜗杆的最大模数是 3 mm;英制螺纹的每英寸最少牙数是 3 牙。当需要加工大于以上导程的螺纹时,例如车削多头螺纹或拉油槽时,就得使用扩大螺距机构。这时应将轴 IX 上的滑动齿轮 $z58$ 移至右端虚线的位置,与轴 VIII 上的齿轮 $z26$ 相啮合。于是主轴与轴 IX 之间不是通过齿轮副 58/58 直接联系,而是经轴 V、IV、III 及 VIII 间的齿轮副实现运动联系。所以,车扩大螺纹螺纹时从主轴 VI 到轴 IX 的传动路线表达式为

$$主轴\ VI - \frac{58}{26} - V - \frac{80}{20} - IV - \begin{Bmatrix} \frac{50}{50} \\ \frac{80}{20} \end{Bmatrix} - III - \frac{44}{44} - VIII - \frac{26}{58} - IX。$$

加工扩大螺距时,自轴 IX 以后的传动路线仍与正常螺距时相同。由此可算出从轴 VI 到 IX 的传动比:

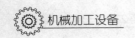

正常螺距时 $\qquad u_{\text{VI-IX}} = \dfrac{58}{58} = 1$;

扩大螺距时 $\qquad u_{\text{VI-IX}} = \dfrac{58}{26} \times \dfrac{80}{20} \times \dfrac{50}{50} \times \dfrac{44}{44} \times \dfrac{26}{58} = 4$,

或

$$u_{\text{VI-IX}} = \dfrac{58}{26} \times \dfrac{80}{20} \times \dfrac{80}{20} \times \dfrac{44}{44} \times \dfrac{26}{58} = 16。$$

所以,扩大螺距机构的功用是将螺距扩大 4 或 16 倍,以便车削大导程的螺纹,它实质上也是一个增倍组。但是必须注意,由于扩大螺距机构的传动齿轮是利用了主运动中的传动齿轮,当主轴转速确定后,这时导程可能扩大的倍数也就确定了,不可能再变动。例如,当主轴转速为最低的 6 级转速(11~36 r/min)时,可以扩大 16 倍;而当主轴转速为 45~140 r/min 时,则只能扩大 4 倍;当主轴转速更高时,即使接通扩大螺距机构,此机构也不再具有扩大螺距的性能。这与机床的实际使用情况相适应,因为加工较大导程的螺纹时,主轴转速应较低。

(5) 车非标准螺距和较精确螺纹　当需要车削非标准螺距时,利用上述传动路线是无法得到的。这时,须将齿式离合器 M_3、M_4 和 M_5 全部啮合。进给箱中的传动路线是由轴 VIII 经 XV 及 XVIII 直接传动丝杠 XIX,被加工工件的导程 $L_{\text{工}}$ 依靠适当地调整挂轮的传动比 $u_{\text{挂}}$ 来实现。其运动平衡式是

$$L_{\text{工}} = 1 \times \dfrac{58}{58} \times \dfrac{33}{33} \times u_{\text{挂}} \times 12,$$

化简后,得挂轮的换置公式

$$u_{\text{挂}} = \dfrac{z_1}{z_2} \times \dfrac{z_3}{z_4} = \dfrac{L_{\text{工}}}{12}。$$

应用此换置公式,适当地选择挂轮 z_1、z_2、z_3 和 z_4 的齿数,就可车削出所需要的导程。这时,由于传动路线较短,减少了传动件误差对工件导程的影响,如选用较精确的挂轮,也可车削比较精确的螺纹。

2.2.2.2　纵、横进给运动传动链

CA6140A 卧式车床一般车削时,运动由主轴至进给箱轴 XVII 的部分,与车米制和英制螺纹时的传动路线相同。以后的运动经齿轮副 28/56 传至光杠 XIX,再由光杆经溜板箱中的齿轮副 36/56(中间轮 32)、超越离合器 M_6、安全离合器 M_7、蜗杆蜗轮副 4/29 传至轴 XXI。当运动经齿轮副 40/48 或 40/48(中间轮 30)、双向离合器 M_8、轴 XXII,齿轮副 28/80 传至小齿轮 $z12(m=2.5)$,小齿轮在齿条上转动

时,溜板作纵向机动进给运动。而当运动经齿轮副 40/48 或 40/48(中间轮 30)、双向离合器 M_9,轴 XXV 及齿轮副 48/48、59/18 传至中滑板丝杠 XXVII 后,刀架作横向进给运动动)。其传动结构式如下:

$$
\text{主轴 VI} - \begin{bmatrix} \text{米制螺纹传动路线} \\ \text{英制螺纹传动路线} \end{bmatrix} - \text{XVII} - \frac{28}{56} - \text{XIX 光杠} - \frac{36}{32} \times \frac{32}{56}
$$

$$
\text{M}_6\text{超越离合器} - \text{M}_7\text{安全离合器} - \text{XX} - \frac{4}{29} - \text{XXI} \begin{bmatrix} \frac{40}{48} - \text{M}_8\uparrow \\ \frac{40}{30} \times \frac{30}{48} - \text{M}_8\downarrow \\ \frac{40}{48} - \text{M}_9\uparrow \\ \frac{40}{30} \times \frac{30}{48} - \text{M}_9\downarrow \end{bmatrix}
$$

$$
\text{XXV} - \frac{48}{48} \times \frac{59}{18} - \text{XXVII 丝杠} - \text{刀架(横向进给)}
$$

$$
\text{XXII} - \frac{28}{80} - \text{XXIII} - z_{12} - \text{齿条} - \text{刀架(纵向进给)}
$$

纵向和横向进给传动链两端件的计算位移是主轴转 1 转,刀架的纵向移动量 $f_{纵}$(mm/r)或横向移动量 $f_{横}$(mm/r)。当运动经车米制螺纹传动路线传动时,可得到 0.08~1.22 mm/r 的 32 种进给量,其运动平衡式为

$$
f_{纵} = 0.71 \times u_{基} \times u_{倍} 。
$$

当采用扩大螺距机构时,若主轴转速在 10~125 r/min,可获得 16 种加大进给量,其范围为 1.71~6.33 mm/r。若主轴转速在 450~1 400 r/min(500 r/min 除外),可获得 8 种高速细进给量,其范围为 0.028~0.054 mm/r。

由传动分析可知,同样进给传动路线,横向进给量是纵向进给量的一半。

2.2.2.3 快速进给传动链

刀架的纵、横向快速移动由装在溜板箱右侧的快速电动机(0.25 kW,1 360 r/min)驱动,经 $\frac{18}{24}$ 齿轮副传至轴 XX,然后沿机动进给传动路线,传至纵向进给齿轮齿条副或横向进给丝杠,使刀架做纵向或横向快速移动。快速电动机由纵、横向进给运动操纵手柄顶部的点动按钮操纵,使轴 XX 快速旋转,单向超越离合器 M_6 自动

脱开与光杠传来的进给运动联系。快速电动机只能正转,不能反转。纵向快速进给速度的计算式如下:

$$v_{纵快} = 1\ 360 \times \frac{18}{24} \times \frac{4}{29} \times \frac{40}{30} \times \frac{30}{48} \times \frac{28}{80} \times \pi \times 2.5 \times 12 \times \frac{1}{1\ 000} \approx 4\ (\text{m/min})。$$

由传动分析可知,同样进给传动路线,横向快速进给速度是纵向快速进给速度的一半。

2.3 CA6140A 卧式车床的主要部件结构

2.3.1 主轴箱部件

CA6140A 车床的主轴箱部件包括箱体、主运动的全部变速机构及操纵机构、主轴部件、实现正、反转及停车的摩擦离合器和制动器、主轴至挂轮间的传动和反向机构以及有关的润滑装置等。

图 2-4 所示为主轴箱 Ⅰ～Ⅵ轴的展开图。展开图上的轴向尺寸和各轴上的所有零件,都按比例绘出(某些特殊情况除外),所有啮合传动的相邻两轴间中心距也是按尺寸比例的。从图上可以看出主轴箱内全部的齿轮变速机构、传动轴、支承、离合器和主轴部件等的详细结构。

在研究展开图时,应对照传动系统图来看。首先按传动系统图上的各传动轴的序号,在展开图上找到相应的轴,再研究各轴上所有的零件的结构、功用和装配关系,以及各种机构的工作原理及其调整方法。

(1)卸荷皮带轮装置 轴Ⅰ将电动机的运动传入主轴箱。轴Ⅰ的左端配有花键套筒 2,用螺钉和销钉与 V 形皮带轮 1 固定在一起。法兰盘 3 固定在主轴箱箱体上。在法兰盘 3 和花键套筒 2 之间有两个滚动轴承。这样,皮带轮的扭矩通过花键套筒 1 传给轴Ⅰ。皮带轮传动中产生的拉力,通过轴承、法兰盘传给主轴箱体,故这种结构称为卸荷皮带轮装置。虽然结构复杂些,但能显著减少轴Ⅰ悬臂端的径向力,使轴Ⅰ的尺寸相应缩小。

(2)摩擦离合器 图 2-5 所示是车床主轴箱内的双向机械多片式摩擦离合器,它具有左、右两组由若干内、外摩擦片交叠组成的摩擦片组,主要用于控制主轴的起动和停止以及改变主轴的旋转方向。

当用操纵装置将滑套 9 向右移动时,推杆 7(在轴 4 的孔内)上的元宝形摆块 8 绕支点摆动,其下端拨动推杆 7 向左移动。推杆 7 左端上有一销子 10,使螺圈 6

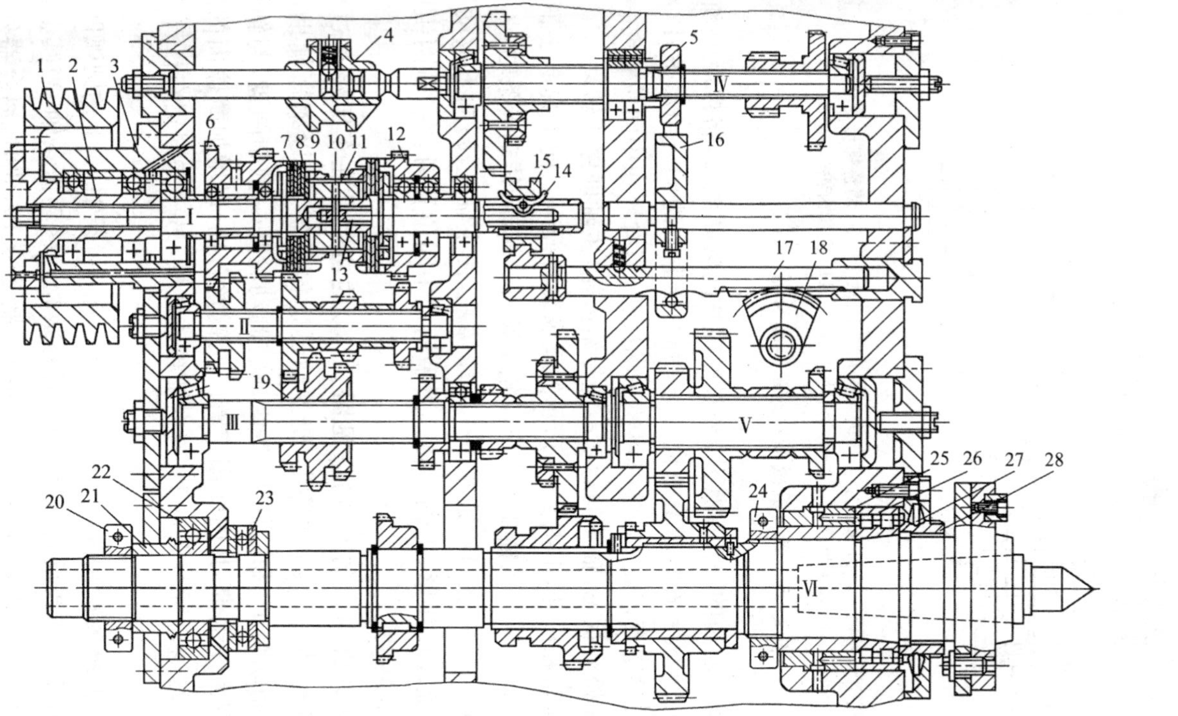

1-带轮 2-套筒 3-法兰盘 4-拨叉 5-制动轮 6-双联齿轮 7-内摩擦片 8-外摩擦片 9-调整螺母 10-销子 11-滑套 12-齿轮 13-推杆 14-元宝形摆块 15-滑套 16-制动杠杆 17-齿条轴 18-扇形齿轮 19-三联齿轮 20、24、28-螺母 21-隔套 22-后轴承 23-推力球轴承 25-减振套 26-前轴承 27-压盖

图2-4 CA6140 主轴箱Ⅰ～Ⅵ轴展开图

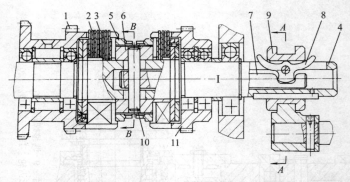

1-双联空套齿轮 2-外摩擦片 3-内摩擦片 4-轴Ⅰ 5-调整螺母
6-螺圈 7-推杆 8-元宝形摆块 9-滑套 10-销子 11-空套齿轮

图 2-5 双向机械多片式摩擦离合器

及调整螺母 5 向左压紧左边的一组摩擦片,通过摩擦片间的摩擦力,将扭矩由轴 4 传给空套齿轮 1;当用操纵装置将滑套 9 向左移动时,压紧右边的一组摩擦片,将扭矩由轴 4 传给右端的空套齿轮 11,这时可使主轴反转;当滑环在中间位置时,左右两组摩擦片都处在松开状态,轴 4 的运动不能传给齿轮,主轴即停止转动。

摩擦离合器的压紧和松开,由图 2-6 所示的操纵装置操纵。向上提起手柄 6 时,通过杠杆 5、连杆 4、杠杆 3 使轴 2 和扇形齿轮 1 顺时针转动,传动齿条轴 13 右移,便可使滑环 9 向右移动,从而压紧左边一组摩擦片,使主轴正转;向下扳动手柄 6 时,右边一组摩擦片被压紧,主轴反转。当手柄在中间位置时,左、右两组摩擦片都松开,主轴停止转动。

(3)制动器及操纵机构 制动装置(见图 2-6)的功用是在车床停车过程中,克服主轴箱内各运动件的旋转惯性,使主轴迅速停止转动,以缩短辅助时间。它由制动轮 7、制动带 10 和杠杆 12 等组成。制动轮是一钢制圆盘,与轴Ⅳ用花键连接。制动带为一钢带,其内侧固定着一层铜丝石棉,以增加摩擦面的摩擦系数。制动带的一端通过调节螺钉 11 与主轴箱体连接,另一端固定在杠杆 12 上端。

制动器的动作由操纵装置操纵。当杠杆 12 的下端与齿条轴 13 上的圆弧凹部 a 或 c 接触时,主轴处于正转或反转状态,制动带被放松。移动齿条轴,当其上的凸起部分 b 对正杠杆 12 时,使杠杆绕轴摆动而拉紧制动带 10,此时,离合器处于松开状态,轴Ⅳ和主轴便迅速停止转动。如要调整制动带的松紧程度,可将螺母松开后旋转螺钉 11。在调整合适的情况下,当主轴旋转时,制动带能完全松开,而在离合器松开时,主轴能迅速停转。

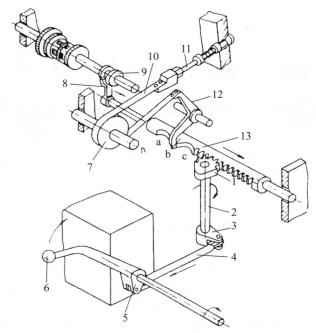

1-扇形齿轮　2-轴　3-杠杆　4-连杆　5-杠杆　6-手柄　7-制动轮
8-拨叉　9-滑环　10-制动带　11-调节螺钉　12-杠杆　13-齿条轴

图2-6　摩擦离合器、制动器的操纵装置

（4）主轴部件　主轴是车床的关键部分,在工作时承受很大的切削抗力。工件的精度和表面粗糙度,在很大程度上决定于主轴部件的刚度和回转精度。图2-7所示是采用二支承结构的车床主轴部件。前支承装有一个双列短圆柱滚子轴承9,后支承采用角接触球轴承2,承受径向力及向右的轴向力;向左方向的轴向力则有后支承中的推力球轴承3承受。滑移齿轮5(z50)的套筒上加工有两个槽,左边槽为拨叉槽,右边燕尾槽中,均匀安装着4块平衡块4,用以调整轴的平稳性。前支承轴承的左侧安装有减振套7。该减振套与隔套8之间有0.02～0.03 mm的间隙,在间隙中存有油膜,起到阻尼减振作用。

使用中如发现因轴承磨损而致使间隙增大,需及时调整。前轴承9可用螺母6和10调整。调整时,先拧松螺母10,然后拧紧螺母6,使轴承9的内圈相对主轴锥形轴颈向右移动。由于锥面的作用,轴承内圈产生径向弹性膨胀,减小滚子与内、外圈之间的间隙。调整合适后,应将螺母6上的锁紧螺钉拧紧,并将螺母10也拧紧。后轴承2的间隙可用螺母1调整。一般情况下,只需调整前轴承即可,只有当调整前轴承后仍不能达到要求的回转精度时,才需调整后轴承。

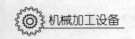
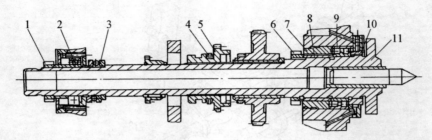

1、6、10-螺母 2-角接触球轴承 3-推力球轴承 4-平衡块 5-滑移齿轮 7-减振套 8-隔套 9-双列短圆柱滚子轴承 11-主轴

图 2-7 采用二支承结构的车床主轴部件

调整后应进行一小时的高速空运转试验,主轴轴承温升不得超过 70℃,否则应稍松开一点螺母。

(5)主轴变速操纵机构 图 2-8 所示是 CA6140A 型车床的主轴变速操纵机构。该机构主要用来控制主轴箱内轴Ⅱ的双联滑移齿轮 A 和轴Ⅲ上的三联滑移齿轮 B。双联滑移齿轮有左、右两个啮合位置,三联滑移齿轮有左、中、右 3 个啮合位置。通过这两组滑移齿轮的不同位置的组合,使轴Ⅲ得到 6 种不同的转速。

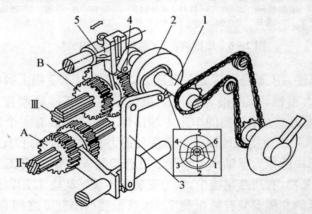

1-凸轮轴 2-凸轮 3-杠杆 4-曲柄 5-拨叉

图 2-8 主轴变速操纵装置

手柄通过传动比为 1∶1 的链传动带动凸轮轴 1 和手柄同步转动,轴 1 上装有盘状凸轮 2 和曲柄 4。凸轮 2 有 1 到 6 的 6 个变速位置,通过杠杆 3 操纵轴Ⅱ上的双联滑移齿轮 A。当杠杆的滚动处于凸轮曲线的大半经时,双联齿轮 A 在左端位置。曲柄 4 上圆柱的滚子装在拨叉 5 的长槽中。当曲柄 4 随轴 1 转动时,可拨动

拨叉 5 在左、中、右 3 个不同位置,带动三联滑移齿轮 B 有 3 个不同的啮合位置。

(6) 主轴箱中各传动件的润滑 主轴箱和进给润滑是由专门的润滑系统供油的。装在左床腿上的润滑油泵是由电动机经 V 形带传动的。油泵转动后,抽取装在左床腿油箱内的润滑油(30 号机油),经粗滤油器过滤及油泵加压后,经油管和装在主轴箱左端的细滤油器过滤,再经油管流向主轴箱上部的分油器内,通过分油器的分油孔及各分支油管,分别润滑主轴箱内各传动件(齿轮、轴承等)及操纵机构,并润滑和冷却轴 I 上的摩擦离合器。为了使主轴轴承可靠地工作,并保证摩擦离合器充分冷却,主轴轴承及摩擦离合器由分油器单独用油管供应,以便供应充分的润滑油。分油器上有油管通向油标,以便观察主轴箱的润滑情况是否正常。

CA6140A 型车床主轴箱润滑的特点是箱体外循环。油液将主轴箱中摩擦所产生的热量带至箱体外的油箱中,冷却后再流入箱体,因此可减少主轴箱的热变形(主轴位置变化少),以提高机床的加工精度。

2.3.2 进给箱

卧式车床进给箱的功用是变换车螺纹运动和纵、横向机动进给运动的进给速度,实现被加工螺纹种类和导程的变换,获得纵、横向机动进给所需的各种进给量。进给箱通常由以下几部分组成:变换螺纹导程和进给量的变速机构、变换螺纹种类的移换机构、丝杠和光杠运动转换机构及操纵机构等。加工不同种类的螺纹通常由调整进给箱中的移换机构和挂轮架上的挂轮来实现。

图 2-9 所示是 CA6140A 车床进给箱的装配图。CA6140A 车床进给箱内所有传动轴的轴心线,都布置在同一垂直平面内,操纵机构和手柄全部装在进给箱前盖板上。基本组的双轴滑移齿轮机构的 4 个滑移齿轮,仅用一个手柄集中操纵。倍增组的两组双联滑移齿轮也用一个手柄操纵。公、英制螺纹传动路线变换的离合器 M_3 和滑移齿轮 25,以及接丝、光杠的滑移齿轮 28,用另一个手柄集中操纵。

图 2-10 所示是 CA6140A 车床螺纹种类移换机构及丝杠、光杠传动操纵机构的示意图。图中 4、5、6 是操纵移换机构的杠杆,图示位置是接通米制传动路线时的情况。杠杆 1 是操纵轴 XVIII 右端滑移齿轮 $z28$ 的,图示位置是接通机动进给时的情况。杠杆 1 和 4 的滚子都装在凸轮 2 的偏心圆槽中。此偏心圆槽的 a 点和 b 点离开回转中心的距离为 l。而 c 点和 d 点离开回转中心的距离为 L。凸轮 2 固定在操纵手柄的轴 3 上。因此,如扳动手柄至 4 个不同的位置,就可分别按米制或英制传动路线传动丝杠或光杆。

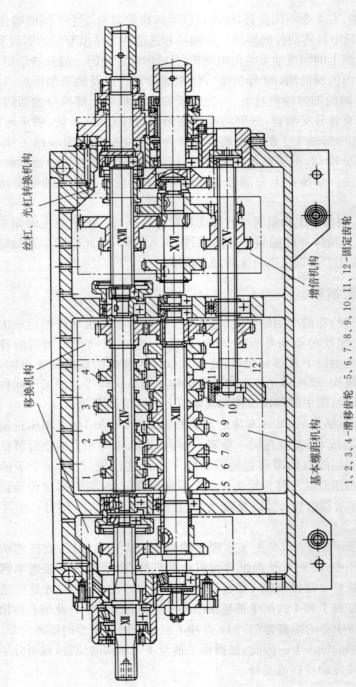

丝杠、光杠转换机构

增倍机构

移换机构

1、2、3、4—滑移齿轮　5、6、7、8、9、10、11、12—固定齿轮

基本螺距机构

图 2 - 9 CA6140A 车床进给箱装配图

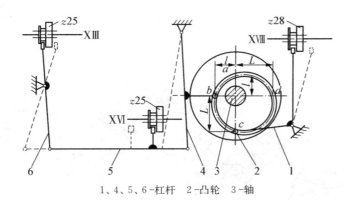

1、4、5、6—杠杆　2—凸轮　3—轴

图 2–10　螺纹种类移换机构及丝杠、光杠传动操纵机构

2.3.3　溜板箱

溜板箱固定安装在沿床身导轨移动的溜板的下面。其主要作用是将进给运动或快速运动,由进给箱或快速电机传给溜板和刀架,使刀具实现纵向、横向的正、反向机动进给和快速移动。

图 2–11 所示为 CA6140A 车床的溜板箱外观图。纵、横进给操纵及快速移动按钮 4 控制纵向正反和横向正反 4 个方向的机动进给和刀架快速移动;主轴正反转启动手柄 5 控制主轴箱内的摩擦离合器和制动轮,使主轴获得正、反转和停车。手动油泵手柄 2 控制润滑床身,溜板导轨和溜板箱内各润滑点。

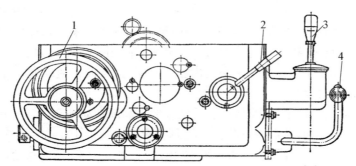

1—纵向移动手轮　2—开合螺母操纵手柄　3—纵、横进给操纵手柄
4—主轴正反转启动手柄

图 2–11　CA6140A 车床的溜板箱外观

(1) 纵、横向机动进给操纵机构　图 2–12 所示为 CA6140A 型车床刀架纵、

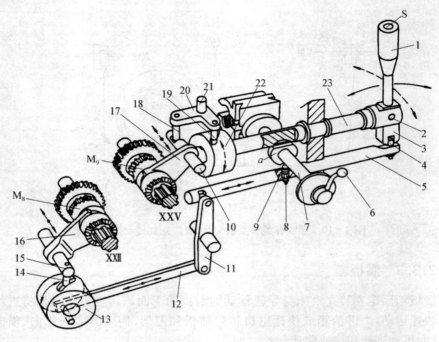

1、6-手柄　2、21-销轴　3-手柄座　4、9-球头销　5、7、23-轴　8-弹簧销　10、15-拨叉轴　11、20-杠杆　12-连杆　13-凸轮　14、18、19-圆销　16、17-拨叉　22-凸轮

图 2-12　纵、横向机动进给操纵机构

横向机动进给操纵机构。纵、横向机动进给的接通、断开和换向由一个手柄集中操纵。手柄 1 通过销轴 2 与轴向固定的轴 23 相连接。向左或向右扳动手柄 1 时，手柄下端缺口通过球头销 4 拨动轴 5 轴向移动，然后经杠杆 11、连杆 12 以及偏心销使圆柱形凸轮 13 转动。凸轮上的曲线槽通过圆销 14、轴 15 和拨叉 16，拨动离合器 M_8 与空套在轴ⅩⅫ上两个空套齿轮之一啮合，从而接通纵向机动进给，并使刀架向左或向右移动。

　　向前或向后扳动手柄 1 时，通过手柄方形下端部带动轴 23 转动，并使轴 23 左端凸轮 22 随之转动，从而通过凸轮上的曲线槽推动圆销 19，并使杠杆 20 绕轴 21 摆动。杠杆 20 上另一圆销 18 通过轴 10 上缺口，带动轴 10 轴向移动，并通过固定在轴上的拨叉，拨动离合器 M_9，使之与轴ⅩⅩⅤ上两空套齿轮之一啮合，从而接通横向机动进给。

　　纵、横向机动进给机构的操纵手柄扳动方向与刀架进给方向一致，给使用带来方便。手柄在中间位置时，两离合器均处于中间位置，机动进给断开。按下操纵手柄顶端的按钮 S，接通快速电动机，可使刀架按手柄位置确定的进给方向快速移动。由于超越离合器的作用,即使机动进给时,也可使刀架快速移动,而不会发生运动干涉。

（2）开合螺母机构　如图 2-13 所示,开合螺母由上下两半组成（图上只表示出一个）。两个半螺母 2 均与溜板箱体 10 用燕尾形导轨连接,可在溜板 10 的垂直导轨内上下移动。固定在两个半螺母 2 上的圆柱销 1 插入凸轮 5 的曲线槽内,当扳动手柄 12 时,转轴 9 和凸轮 5 转动,靠凸轮的两对称曲线槽使两个半螺母合拢在丝杠上,或在丝杠螺纹上张开。图中 11 为开合螺母张开和合上的定位钢珠。3 为镶条,可用螺钉 4 调节两个半螺母 2 与溜板 10 燕尾形导轨的间隙。

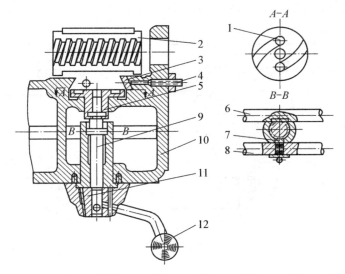

1-圆柱销　2-半螺母　3-镶条　4-螺钉　5-凸轮　6-轴　7-固定套　8-拉杆　9-转轴　10-溜板箱体　11-定位钢珠　12-开合螺母手柄

图 2-13　开合螺母机构

（3）互锁机构　当合上开合螺母车螺纹时,就不允许纵、横向进给操纵手柄使溜板箱内任何一个离合器接合,即该手柄应该不能扳动。否则会发生运动干涉而损坏机构。同时,当纵、横向进给操纵手柄在纵向或横向位置时（M_7 或 M_8 接合）,也不容许开合螺母合上。否则,也会发生运动的干涉而损坏机构。为此,开合操纵手柄与纵、横向进给操纵手柄之间应有一个互锁机构。

图 2-14 所示为该互锁机构工作原理图。图（a）是中间位置的情况,这时机动进给未接通,开合螺母也处于张开状态,可任意扳动开合螺母手柄轴 2,或纵向进给操纵拉杆 1 可轴向移动,或横向进给转轴 3 可转动。图（b）是已经合拢开合螺母的状态,这时由于开合螺母手柄带动轴 2 已转过一个角度,它的凸肩旋入到横

向进给转轴 3 的槽中,将转轴 3 卡住,使其不能转动,即不能横向机动进给;其凸肩下面的缺口也同时离开短销 5,并将短销 5 往下压,使其嵌入纵向进给拉杆 1 的销孔 6 中,由于短销 5 的另一半尚留在固定套 4 中,所以拉杆 1 被卡住无法移动,也不能纵向机动进给。只有当开合螺母手柄回到分开的位置上,纵、横向进给操纵手柄才能动作。图(c)是纵向进给操纵拉杆 1 向左或向右扳在纵向进给的位置上的情况,由于拉杆 1 上的孔向右或向左移开,这时将短销 5 的尖头压向开合螺母手柄轴 2 下面的缺口,而将轴 2 卡住,开合螺母不能合上。图(d)是横向进给工作位置时的情况,由于横向进给转轴 3 也相应转过一角度,这时转轴 3 上的长槽错开凸肩的平面,凸肩不能转动,也就是开合螺母手柄轴 2 扳不动,则开合螺母不能合上。

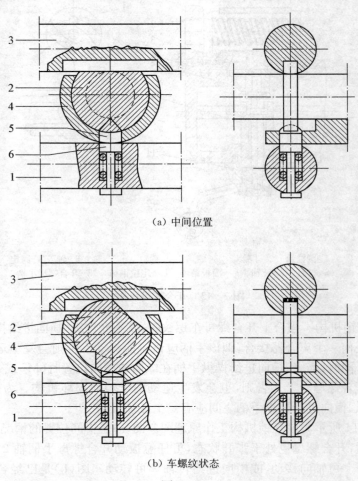

(a) 中间位置

(b) 车螺纹状态

图 2-14

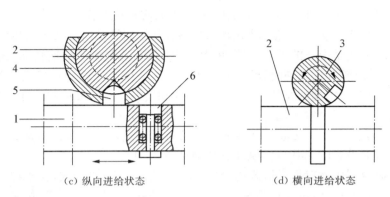

（c）纵向进给状态　　　　　　　　（d）横向进给状态

1-纵向进给操纵拉杆　2-开合螺母手柄轴　3-横向进给转轴　4-固定套　5-短销　6-销孔

图 2-14　互锁机构工作原理图

（4）超越离合器　超越离合器的作用在于使机床的快速进给传动与正常进给传动互不干涉。即当运动由光杠传入时，能完成正常进给运动；当运动由快速电机传入时，能完成快移运动；当两种运动同时传入时，要不发生运动干涉，保证刀架快移。

其工作原理如图 2-15 所示，接通正常进给后，光杆的运动经套筒齿轮 1、齿轮 2 传到齿轮套 3，再经超越离合器的 3 个滚柱 4 传到星形轮 6，此时是逆时针转动。3 个滚柱在弹簧 5 及摩擦力的作用下楔紧在星形轮 6 与齿轮套 3 之间，从而将运动经螺旋面牙嵌式离合器 7 和 8 传到蜗杆 9，带动蜗轮按正常进给速度运动。

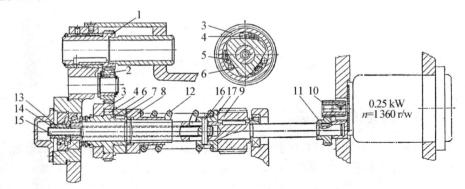

1-套筒齿轮 $z36$　2-齿轮 $z32$　3-齿轮套 $z56$　4-滚柱　5-弹簧　6-星形轮　7、8-螺旋面牙嵌式离合器　9-蜗杆　10-齿轮（$z13$）　11-齿轮（$z29$）

图 2-15　超越离合器与安全离合器

如果启动快速电机,直接带动蜗杆9,使刀架实现快速移动,同时,星形轮6按逆时针方向快速转动,滚子就滚到楔缝的宽处,其快速转动就无法传给齿轮套3。

如果原来就是慢速的正常进给,星形轮6正在随齿轮套3慢速转动,这时启动快速电机,星形轮6快速逆时针转动,由于星形轮6的转速高于齿轮套3的转速,同样,滚子会退到楔缝的宽处。这时齿轮套3和星形轮6各按各的速度旋转,保证了以不同的转速同时输入也不发生干涉,而刀架则按快速移动。

(5) 安全离合器 安全离合器是在进给过载或进给运动受意外阻碍时,为保护进给机构而设置的。其工作原理及结构见图2-15。

安全离合器由螺旋面牙嵌式离合器7和8及弹簧12等组成,左半部离合器7用键与星形轮6连接,由光杠传来的运动经套筒齿轮1、齿轮2传到齿轮套3和超越离合器,传给左半部离合器7。右半部离合器8与轴ⅩⅫ用滑键相连,在其后面有弹簧12紧紧顶住,保证在正常工作时,离合器的螺旋曲面能很好咬合,把运动通过离合器传给轴ⅩⅫ。在切削过程中,如进给运动发生过载,轴ⅩⅫ和离合器右半部8因过载而转不动。但此时由光杠传来的运动,使离合器左半部7继续转动,于是沿离合器的螺旋曲面的轴向推力愈来愈大,使离合器右半部8压缩弹簧12而轴向移动,至与离合器左半部7离开,这样,进给运动就在这里被切断,避免了过载而造成的机构损坏,起到了安全保护作用。过载消除而恢复正常时,在弹簧12的作用下,离合器的两半部恢复咬合,进给运动又被接通。

安全离合器的安全传动扭矩由弹簧12的压力来控制。调节螺母13与14,使螺杆15通过销子16拉动弹簧套17,即可控制弹簧12的压力。调整的要求是:在正常切削时,使用要可靠,能正常传递动力进行纵、横向进给;过载时,能立即停止进给运动。

2.4 其他车床简介

2.4.1 回轮、转塔车床

卧式车床上能安装的刀具比较少,尤其是孔加工刀具。因此在加工形状比较复杂,特别是带内孔和内外螺纹的工件时,要用多种车刀、孔加工刀具和螺纹加工刀具,必须经常手工更换刀具,移动尾座,以及频繁对刀、试切和测量尺寸等,影响了机床的生产率,加重了工人的劳动强度。

回轮和转塔车床是在卧式车床的基础上发展起来的,它是将卧式车床的尾座去掉,安装可以纵向移动的多工位刀架,并在传动及结构上作了相应地改变。在回轮或转塔车床上加工工件时,需预先将所有刀具安装在机床的刀架上,并调整妥当。每把刀具的行程终点位置,是通过调整的挡块(挡铁)的位置来控制的。加工时,这些刀具轮流工作。机床调整妥当后,不必再反复地测量工件尺寸及装卸刀具,因此,特别适合复杂工件的成批生产。为了进一步提高生产率,在回轮、转塔车床上应尽可能使用多刀同时加工。由于回轮、转塔车床所要加工的通常是精度要求不高的紧固螺纹,所以在回轮、转塔车床上没有丝杠,要加工螺纹只能由丝锥或板牙加工出来。图2-16所示是在回轮、转塔车床上加工的典型零件。

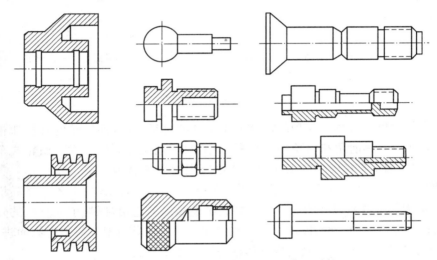

图2-16 回轮、转塔车床上加工的典型零件

虽然用回轮、转塔车床加工零件可缩短大量机动时间和辅助时间,尤其在成批加工复杂零件时,能有效提高生产率。但是,由于回轮、转塔车床在加工零件前,需要花费较多的时间进行预先调整刀具和行程挡块等工作,因此在单件小批生产中使用,就受到一定的限制。而在大批大量生产中,则应采用生产率更高的自动和半自动车床。因此它只适用于成批生产中加工尺寸不大且形状较复杂的零件。

图2-17(a)所示是回轮式车床的外形图。回轮式车床没有前刀架,只有一个回轮刀架4。回轮刀架的轴心线是水平布置的,如图2-17(b)所示,它与主轴中心线平行。在回轮刀架的端面上通常有12~16个安装刀具的孔。当刀具孔转到最上端位置时,孔的中心线正好与主轴中心线同心。回轮可沿床身导轨做纵向进给运动。当机床进行成形车削、切槽或切断等工作时,刀具需要横向进给。横向进给是由回轮刀架的缓慢转动来实现的。在横向进给过程中,刀尖运动的轨迹是圆

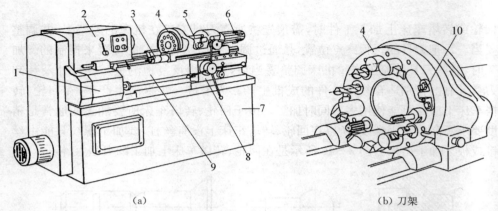

（a）　　　　　　　　　　　　　　　（b）刀架

　　1-进给箱　2-主轴箱　3-刚性纵向定程机构　4-回轮刀架　5-纵向刀具溜板　6-纵向定程机构
7-底座　8-溜板箱　9-床身　10-横向定程机构

图 2-17　回轮式车床的外形

弧,刀具的前角和后角是变动的。但由于工件的直径较小,而回轮的直径却相对大得多,所以刀具前角和后角的变化量很小,对切削工作影响不大。回轮式车床主要是用于加工直径较小的工件,所应用的毛坯多半是棒料。

　　图 2-18 所示是转塔车床的外形图,它除了有前刀架 2 以外,还有一个转塔刀架 3。前刀架 2 既可以在床身的纵向导轨 7 上做纵向进给,以切削大直径的外圆柱面;也可以做横向进给,以加工内外端面和沟槽。转塔刀架 3 只能做纵向进给,它主要用于车削外圆柱面及对内孔做钻、扩、铰或镗等加工。

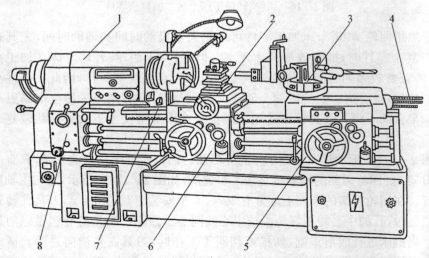

　　1-主轴箱　2-前刀架　3-转塔刀架　4-定程装置　5-前溜板箱　6-转塔溜板箱
7-纵向导轨　8-进给箱

图 2-18　转塔车床的外形

2.4.2 立式车床

立式车床主要用于加工径向尺寸大而轴向尺寸相对较小,且形状比较复杂的大型或重型零件。立式车床有一个台面处于水平位置且直径很大的圆形工作台,主轴垂直布置,因而笨重工件的装夹和找正比较方便。由于工件及工作台的重量由床身导轨或推力轴承承受,大大减轻了主轴及其轴承的载荷,因而较易保证加工精度。

立式车床分单柱式和双柱式两种,前者加工直径一般小于 1 600 mm;后者加工直径一般大于 2 000 mm,重型立式车床的加工直径一般大于 25 000 mm。

单柱立式车床具有一个箱形立柱,与底座固定地联成一整体,构成机床的支承骨架,如图 2-19(a)所示。工作台装在底座的环形导轨上,工件安装在台面上,由它带动绕垂直轴线旋转,完成主运动。在立柱的垂直导轨上装有横梁和侧刀架,在横梁的水平导轨上装有垂直刀架。垂直刀架可沿横梁导轨移动横向进给,以及沿刀架滑座的导轨移动垂直进给。刀架滑座可左右扳转一定角度,以便刀架斜向进给。因此,垂直刀架可用来车内外圆柱面、内外圆锥面,切端面以及切沟槽等工序。在垂直刀架上通常带有五角形的转塔刀架,它除了可安装各种车刀以完成上述工序外,还可安装各种孔加工刀具,进行钻、扩、铰等工序。侧刀架可以完成车外圆、切端面、切沟槽和倒角等工序。垂直刀架和侧刀架的进给运动或者由主运动传动链传来,或者由装在进给箱上的单独电动机传动。两个刀架在进给

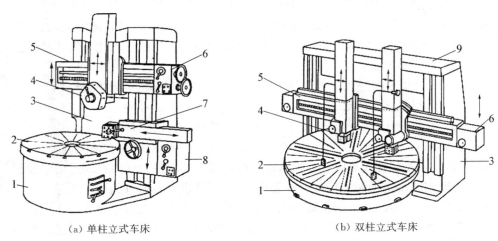

（a）单柱立式车床　　　　　　　　　　　（b）双柱立式车床

1-底座　2-工作台　3-立柱　4-垂直刀架　5-横梁　6-垂直刀架进给箱　7-侧刀架　8-侧刀架进给箱顶梁

图 2-19　立式车床外形

运动方向上都能做快速调位移动,以完成快速趋进、快速退回和调整位置等辅助运动。横梁连同垂直刀架一起,可沿立柱导轨上下移动,以适应加工不同高度工件的需要。横梁移至所需位置后,可手动或自动夹紧在立柱上。

双柱式立式车床具有两个立柱,如图 2-19(b)所示,它们通过底座和上面的顶梁连成一个封闭式框架。横梁上通常装有两个垂直刀架,中等尺寸的立式车床上,其中一个刀架往往也带有转塔刀架。双柱立式车床有一个侧刀架,装在右立柱的垂直导轨上。大尺寸的立式车床一般不带有侧刀架。

复习思考题

1. 试写出 CA6140A 型卧式车床的主运动传动路线表达式。

2. 试写出 CA6140A 型卧式车床主运动传动链最高及最低转速(正转)的运动平衡式并计算其转速值。

3. 关于在 CA6140A 型卧式车床上加工螺纹,判断下列结论是否正确,并说明理由:

   (1) 车削米制螺纹转换为车削英制螺纹,用同一组挂轮,但要转换传动路线;

   (2) 车削模数螺纹转换为车削径节螺纹,用同一组挂轮,但要转换传动路线;

   (3) 车削米制螺纹转换为车削模数螺纹,用米制螺纹传动路线,但要改变挂轮;

   (4) 车削英制螺纹转换为车削径节螺纹,传动路线不变,但要改变挂轮。

4. 在 CA6140A 型卧式车床的主运动、车螺纹运动、纵向和横向进给运动、快速运动等传动链中,哪条传动链的两端件之间具有严格的传动比?哪条传动链是内联系传动链?

5. 用 CA6140A 型卧式车床车削下列螺纹,各列出其传动路线的表达式:

   (1) 米制螺纹　$P=2.5$ mm;　　(2) 英制螺纹　$a=8$ 牙/in;

   (3) 模数蜗杆　$m=1.75$ mm;　　(4) 多线梯形螺纹　$P=9$ mm,$K=2$。

6. CA6140A 型卧式车床能加工大螺距螺纹时,对主轴的转速有何限制?

7. CA6140A 型卧式车床有几种机动进给路线?列出最大纵向机动进给量及最小横向机动进给量的传动路线表达式,并计算出各自的进给量。

8. CA6140A 型卧式车床主轴箱轴 Ⅰ 上卸荷皮带轮为什么能起到卸荷作用?

9. 试分析:CA6140A 型卧式车床的主轴组件在主轴箱内怎样定位,其径向和轴向间隙怎样调整?

10. CA6140A 型卧式车床主传动链中,能否用牙嵌式离合器代替多片摩擦离合器 M_1,实现主轴的开停和换向?能否用摩擦离合器代替进给箱中的离合器 M_3、

M_4、M_5？为什么？

11. 车床起动后操纵手柄有时会自动掉落,试分析其原因并说明解决办法。

12. 试分析:CA6140A 型卧式车床在加工时,为何有时会发生闷车现象？ 如何解决？

13. 在需要车床停转,将操纵手柄扳至中间位置后,主轴不能很快停转或仍继续旋转不止,试分析其原因,并提出解决措施。

14. 试分析:CA6140A 型卧式车床在正常车削过程中安全离合器自行打滑,该如何解决？

第 **3** 章

铣 床

3.1 铣削加工方法及特点

3.1.1 铣削加工方法

铣床是一种工艺用途广泛的机床,它可用铣刀加工各种水平、垂直的平面、沟槽、键槽、T形槽、燕尾槽、螺纹、螺旋槽,以及齿轮、链轮、花键轴、棘轮等各种成形表面,如图 3-1 所示。此外,铣床还可使用锯片铣刀进行切断等工作。

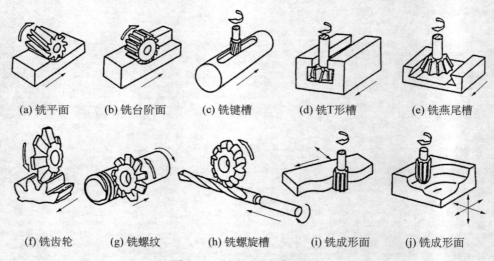

(a) 铣平面   (b) 铣台阶面   (c) 铣键槽   (d) 铣T形槽   (e) 铣燕尾槽

(f) 铣齿轮   (g) 铣螺纹   (h) 铣螺旋槽   (i) 铣成形面   (j) 铣成形面

图 3-1 铣床的典型加工表面

　　铣床的运动是以主轴部件带动多齿铣刀的旋转运动为主运动,而进给运动可根据加工要求,由工件在相互垂直的 3 个方向中,做某一方向运动实现。在少数铣床上,进给运动也可以是工件的回转或曲线运动。根据工件的形状和尺寸,工件和铣刀可在相互垂直的 3 个方向上做位置调整。

3.1.2　铣削加工的特点

　　(1) 由于铣刀为多刃刀具,铣削时每个刀齿周期性断续参与切削,刀刃散热条件较好,加工生产率高。

　　(2) 铣削中每个铣刀刀齿周期性逐渐切入切出,切削厚度是变化的,形成断续切削,加工中会因此而产生冲击和振动,会对刀具耐用度及工件表面质量产生影响。

　　(3) 铣削加工可以对工件进行粗加工和半精加工,加工精度可达 IT7~IT9,精铣表面粗糙度值 Ra 在 3.2~1.6 μm。

3.1.3　铣床的技术参数

　　万能卧式升降台铣床应用较广泛,它的第一主参数是工作台面宽度,第二主参数是工作台面长度。此外,反映万能卧式升降台铣床技术参数的还有主轴的转速范围、主轴端孔锥度、主轴孔径、主轴中心线到工作台面间距离、进给量范围、主电动机功率等。X6132 万能卧式升降台铣床的主要技术参数如下:

工作台工作面积(长×宽)	1 250 mm×320 mm
工作台最大行程(手动／机动):	
纵向	800 mm
横向	300 mm
垂直	400 mm
工作台最大回转角度	±45°
T 形槽数	3 条
主轴转速范围(18 级)	30~1 500 r/min
主轴端孔锥度	7:24
主轴孔径	29 mm
主轴中心线到工作台面间距离	30~430 mm
主轴中心线到悬梁间距离	155 mm
床身垂直导轨到工作台面中心距离	215~515 mm
刀杆直径(3 种)	22、27、32 mm
进给量范围(21 级):	
纵向	10~1 000 mm/min

横向	10～1 000 mm/min
垂直	3.3～333 mm/min

快速进给量：

纵向与横向	2 300 mm/min
垂直	766.6 mm/min

主传动电机：

功率	7.5 kW
转速	1 450 r/min

进给传动电机：

功率	1.5 kW
转速	1 410 r/min
机床外形尺寸(长×宽×高)	1 831 mm×2 064 mm×1 718 mm

3.1.4　铣床的组成

如图 3-2 所示，X6132 型万能升降台铣床由下列部分组成：

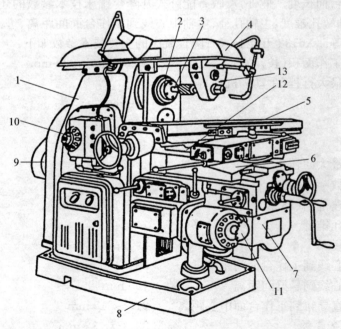

1-床身　2-主轴　3-刀杆　4-横梁　5-工作台　6-床鞍　7-升降台　8-底
座　9-主电动机　10-手柄和转速盘　11-蘑菇形手柄　12-回转盘　13-支架

图 3-2　X6132 型万能升降台铣床外形图

（1）床身　床身 1 是铣床的主体，用来安装和支承铣床的其他部分，如主轴 2、升降台 7、横梁 4、主电动机以及主传动变速机构等。床身的前壁有燕尾形的垂直导轨，供升降台上下移动导向用；床身的上部有燕尾形水平导轨，供横梁前后移动导向用；床身的后面装有主电动机，通过安装在床身内部的主传动装置和变速操纵机构，使主轴旋转；床身的左侧壁上有一手柄和转速盘 10，用以变换主轴转速。变速应在停车状态下进行。

（2）横梁　横梁 4 可以借助齿轮、齿条前后移动，沿燕尾导轨调整前后位置，并用两个偏心螺杆机构夹紧。在横梁上安装着支架 13，用来支承刀杆的悬伸端，以增加刀杆的刚性。支架的位置，可以根据需要调整并锁紧。支架内装有滑动轴承，轴承与刀杆的间隙可手动调整。

（3）升降台　升降台 7 安装在床身前侧面垂直导轨上，可上下移动，是工作台的支座。它上面安装着工作台 5、床鞍 6 和回转盘 12。内部有进给电动机和进给变速机构，以使升降台、工作台、床鞍做进给运动和快速移动。升降台前面左下角有一蘑菇形手柄 11，用以变换进给速度。变速允许在机床运行中进行。

升降台和床鞍的机动操纵是靠升降台左侧的手柄来控制的。操纵手柄有两个，它们是联动的，以适应操作工人在不同的位置上方便地操纵机床。手柄有向上、向下、向前、向后及停止 5 个工作位置，其扳动方向与工作台进给方向一致。

（4）床鞍　床鞍 6 安装在升降台的横向水平导轨上，可沿平行于主轴轴线方向（横向）移动，使工作台作横向进给运动。安装在工作台上的工件，通过工作台、床鞍 6 和升降台 7 在 3 个互相垂直方向的移动来满足加工的要求。

（5）回转盘　回转盘在工作台 5 和床鞍 6 之间，可以带动工作台绕床鞍的圆形导轨中心，在水平面内转动 ±45°，以便铣削螺旋槽等特殊表面。

（6）工作台　工作台 5 安装在回转盘 12 的纵向水平导轨上，可沿垂直于或交叉于（当工作台被扳转角度时）主轴轴线的方向移动，使工作台纵向进给运动。工作台的面上有 3 条 T 形槽，用来安装压板螺柱，以固定夹具或工件。工作台前侧面有一条小 T 形槽，用来安装行程挡块。

工作台的机动操纵手柄也有两个，分别在回转盘的中间和左下方。操纵手柄有向左、向右及停止 3 个工作位置。其扳动方向与工作台进给方向一致。

（7）主轴　主轴 2 用来安装铣刀或者通过刀杆来安装铣刀，并带着它们一起旋转，以便切削工件。

3.2　X6132万能升降台铣床的传动系统

　　X6132型铣床结构较完善,在同类机床中应用最为广泛。其传动原理和结构的基本形式,与其他型式的铣床有许多共同之处。了解该铣床的传动结构和工作原理,也为掌握其他型式的铣床奠定基础。

3.2.1　主运动系统

　　图 3 - 3 所示为 X6132 型万能升降台铣床的传动系统图。主运动由主电动机 (7.5 kW、1 450 r/min)驱动,经 $\frac{\phi150}{\phi290}$(mm)的 V 带传动至轴Ⅱ,再经轴Ⅱ～Ⅲ间的三联滑移齿轮变速组、轴Ⅲ～Ⅳ间的三联滑移齿轮变速组,以及轴Ⅳ～Ⅴ间双联滑移齿轮变速组,使主轴获得 $3 \times 3 \times 2 = 18$ 级转速,转速范围为 30～1 500 r/min。主轴的旋转方向的改变由主电动机正、反转而得以实现。主轴的制动由安装在轴Ⅱ的电磁制动器 M 控制。

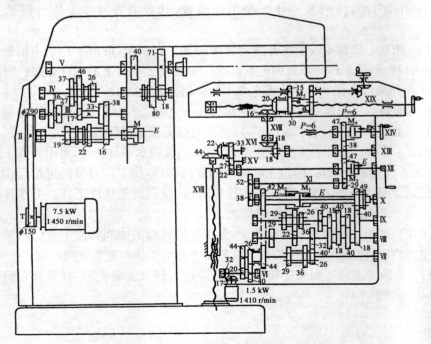

图 3 - 3　X6132 型万能升降台铣床传动系统

X6132 型万能升降台铣床主运动的传动路线表达式如下：

$$主电动机 - I - \frac{\phi 150}{\phi 290} - II - \begin{bmatrix} \frac{19}{36} \\ \frac{22}{33} \\ \frac{16}{38} \end{bmatrix} - III - \begin{bmatrix} \frac{27}{37} \\ \frac{17}{46} \\ \frac{38}{26} \end{bmatrix} - IV - \begin{bmatrix} \frac{18}{71} \\ \frac{80}{40} \end{bmatrix} - 主轴\ V$$

3.2.2　进给传动系统

X6132 型万能升降台铣床的工作台可以做纵向、横向和垂直 3 个方向的进给运动以及快速移动。进给运动由进给电动机(1.5 kW、1 410 r/min)驱动。电动机的运动经一对圆锥齿轮副 $\frac{17}{32}$ 传至轴 Ⅵ，然后根据轴 Ⅹ 上的电磁摩擦离合器 M_1、M_2 的结合情况，分两条路线传动。如轴 Ⅹ 上离合器 M_1 脱开、M_2 啮合，轴 Ⅵ 的运动经齿轮副 $\frac{40}{26}$、$\frac{44}{42}$ 及离合器 M_2 传至轴 Ⅹ。这条路线可使工作台作快速移动。如轴 Ⅹ 上离合器 M_2 脱开，M_1 结合，轴 Ⅵ 的运动经齿轮副 $\frac{20}{44}$ 传至轴 Ⅶ，再经轴 Ⅶ～Ⅷ 间和轴 Ⅷ～Ⅸ 间的两组三联滑移齿轮变速组以及轴 Ⅷ～Ⅸ 间的曲回机构，经离合器 M_1，将运动传至轴 Ⅹ。这是一条使工作台作正常进给的传动路线。

轴 Ⅷ～Ⅸ 间的曲回机构工作原理，可由图 3-4 予以说明。轴 Ⅹ 上的单联滑移齿轮 $z = 49$ 有 3 个啮合位置。当滑移齿轮 $z49$ 在 a 啮合位置时，轴 Ⅸ 的运动直接由齿轮副 $\frac{40}{49}$ 传到轴 Ⅹ；滑移齿轮在 b 啮合位置时，轴 Ⅸ 的运动经曲回机构齿轮副 $\frac{18}{40} - \frac{18}{40} - \frac{40}{49}$ 传至轴 Ⅹ；滑移齿轮在 c 啮合位置时，轴 Ⅸ 的运动经曲回机构齿轮副 $\frac{18}{40} - \frac{18}{40} - \frac{18}{40} - \frac{40}{49}$ 传至轴 Ⅹ。因而，通过轴 Ⅹ 上单联滑移齿轮 $z49$ 的 3 种啮合位置，可使曲回机构得到 3 种不同的传动比：

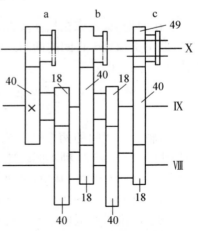

图 3-4　曲回机构原理图

$$u_a = \frac{40}{49}, \quad u_b = \frac{18}{40} \times \frac{18}{40} \times \frac{40}{49},$$

$$u_c = \frac{18}{40} \times \frac{18}{40} \times \frac{18}{40} \times \frac{18}{40} \times \frac{40}{49}。$$

轴Ⅹ的运动可经过电磁离合器 M_3、M_4 以及端面离合器 M_5 的不同结合,使工作台分别获得垂直、横向及纵向 3 个方向的进给运动。

X6132 型万能升降台铣床进给运动及快速移动的传动路线表达式如下:

$$
\text{电动机}\frac{17}{32}-\text{Ⅵ}-
\begin{bmatrix}
\frac{20}{44}-\text{Ⅶ}-
\begin{bmatrix}\frac{29}{29}\\[2pt]\frac{36}{22}\\[2pt]\frac{26}{32}\end{bmatrix}
-\text{Ⅷ}-
\begin{bmatrix}\frac{29}{29}\\[2pt]\frac{22}{36}\\[2pt]\frac{32}{26}\end{bmatrix}
-\text{Ⅸ}-
\begin{bmatrix}\frac{40}{49}\\[2pt]\frac{18}{40}\times\frac{18}{40}\times\frac{18}{40}\times\frac{18}{40}\times\frac{40}{49}\\[2pt]\frac{18}{40}\times\frac{18}{40}\times\frac{40}{49}\end{bmatrix} \\
-M_1\text{合(工作进给)} \\
\frac{40}{26}\times\frac{44}{42}-M_2\text{合(快速移动)}-
\end{bmatrix}
$$

$$
-\text{Ⅹ}-\frac{38}{52}-\text{Ⅺ}-\frac{29}{47}-
\begin{bmatrix}
\frac{47}{38}-\text{Ⅻ}-
\begin{bmatrix}\frac{18}{18}-\text{ⅩⅧ}-\frac{16}{20}-M_5\text{合}-\text{ⅩⅨ(纵向进给)}\\[2pt]\frac{38}{47}-M_4\text{合}-\text{ⅩⅣ(横向进给)}\end{bmatrix} \\
M_3\text{合}-\text{Ⅻ}-\frac{22}{27}-\text{ⅩⅤ}-\frac{27}{33}-\text{ⅩⅥ}-\frac{22}{44} \\
-\text{ⅩⅦ(垂向进给)}
\end{bmatrix}
$$

在理论上,铣床在相互垂直 3 个方向上均可获得 $3\times3\times3=27$ 种不同进给量,但由于轴Ⅶ~Ⅸ间的两组三联滑移齿轮变速组的 $3\times3=9$ 种传动比中,有 3 种是相等的,即:

$$\frac{26}{32}\times\frac{32}{26}=\frac{29}{29}\times\frac{29}{29}=\frac{36}{22}\times\frac{22}{36}=1,$$

所以,轴Ⅶ~Ⅸ间的两个变速组只有 7 种不同传动比。因而轴Ⅹ上的滑移齿轮 $z49$ 只有 $7\times3=21$ 种不同转速。由此可知,X6132 型铣床的纵、横、垂直 3 个方向的进给量均为 21 级,其中,纵向及横向的进给量范围为 10~1 000 mm/min,垂直进给量范围为 3.3~333 mm/min。

此外,由进给电机驱动,经锥齿轮副 17/32 传至轴Ⅵ,经齿轮副 40/26、44/42 并经电磁离合器 M_2 将运动传至Ⅹ,使Ⅹ快速旋转,经齿轮副 38/52 传出,利用离合器 M_3、M_4、M_5 接通垂直、横向和纵向的快速运动,最终使工作台获得快速移动。纵向及横向快速移动速度为 2 300 mm/r,垂直方向快速移动速度为

770 mm/r。快速移动的方向变换由进给电动机正、反转来实现。

3.3 X6132万能升降台铣床的主要部件结构

3.3.1 主轴部件

由于铣床上使用的是多齿刀具,加工过程中通常有几个刀齿同时参加切削,就整个铣削过程来看是连续的,但就每个刀齿来看其切削过程是断续的,且切入与切出的切削厚度亦不等。因此,作用在机床上的切削力相应地发生周期性的变化,易引起振动,这就要求主轴部件应具有较高的刚性和抗振性,因此主轴采用三支承结构,如图3-5所示。前支承采用P5级精度的圆锥滚子轴承,用于承受径向力和向左的轴向力;中间支承采用P6级的圆锥滚子轴承,以承受径向力和向右的轴向力;后支承为P0级精度的单列深沟球轴承,只承受径向力。主轴的回转精度主要由前支承及中间支承保证,后支承只起辅助支承的作用。当主轴的回转精度由于轴承磨损而降低时,须调整主轴轴承。调整主轴轴承间隙时,先将悬梁移开,并拆下床身盖板,露出主轴部件。然后拧松中间支承左侧螺母11上的锁紧螺钉3,用专用勾头扳手勾住螺母11的轴向槽,再用一短铁棍通过主轴前端的端面键8扳动主轴做顺时针旋转,使中间支承的内圈向右移动,从而消除中间支承4的间隙;继续转动主轴,使其向左移动,并通过轴肩带动前轴承6的内圈左移,消除

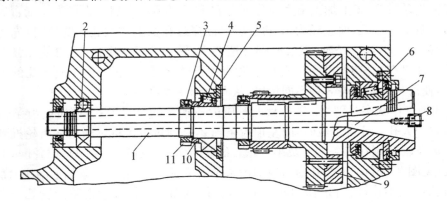

1-主轴　2-后支承　3-锁紧螺钉　4-中间支承　5-轴承盖　6-前支承　7-主轴前锥孔　8-端面键　9-飞轮　10-隔套　11-螺母

图 3-5　主轴部件结构

前轴承 6 的间隙。调整好后,必须拧紧锁紧螺钉 3,盖上盖板并恢复悬梁位置。主轴应以 1 500 r/min 转速试运转 1 h,轴承温度不得超过 60 ℃。

在主轴大齿轮上用螺钉和定位销紧固飞轮 9。在切削加工中,可通过飞轮的惯性使主轴运转平稳,以减轻铣刀间断切削引起的振动。

主轴是空心轴,前端有 7∶24 精密锥孔,用于安装铣刀刀柄或铣刀刀杆的定心轴柄。前端的端面上装有用螺钉固定的两个矩形端面键 8,以便嵌入铣刀刀柄的缺口中传递转矩。主轴前端的锥孔用于安装刀杆或端铣刀,其空心内孔用于穿过拉杆将刀杆或端铣刀拉紧。安装时先转动拉杆左端的六角头,使拉杆右端螺纹旋入刀具锥柄的螺孔中,然后用锁紧螺母锁紧。刀杆悬伸部分可支承在悬梁支架(见图 3-2 件 13)的滑动轴承内。铣刀安装在刀杆上的轴向位置,可用不同厚度的调整套调整。

3.3.2　孔盘变速操纵机构

X6132 型铣床的主运动及进给运动的变速都采用了孔盘变速操纵机构进行控制。下面以主变速操纵机构为例予以介绍。

(1) 孔盘变速机构工作原理　图 3-6 所示为利用孔盘变速操纵机构控制三联滑移齿轮的原理图。孔盘变速操纵机构主要由孔盘 4、齿条轴 2 和 2′、齿轮 3 及拨叉 1 组成,如图 3-6(a)所示。

孔盘 4 上划分了几组直径不同的圆周,每个圆周又划分成 18 等分,根据变速时滑移齿轮不同位置的要求,这 18 个位置分为钻有大孔、钻有小孔或未钻孔 3 种状态。齿条轴 2、2′上加工出直径分别为 D 和 d 的两段台肩。直径为 d 的台肩能穿过孔盘上的小孔,而直径为 D 的台肩只能穿过孔盘上的大孔。变速时,先将孔盘右移,使其退离齿条轴,然后根据变速要求,转动孔盘一定角度,再使孔盘左移复位。孔盘在复位时,可通过孔盘上对应齿条轴之处为大孔、小孔或无孔的不同情况,使滑移齿轮获得 3 种不同位置,从而达到变速目的。

3 种工作状态分别为:①孔盘上对应齿条轴 2 的位置无孔,而对应齿条轴 2′的位置为大孔。孔盘复位时,向左顶齿条轴 2,并通过拨叉将三联滑移齿轮推到左位。齿条轴 2′则在齿条轴 2 及小齿轮 3 的共同作用下右移,台肩 D 穿过孔盘上的大孔(见图 3-6(b));②孔盘对应两齿条轴的位置均为小孔,齿条轴上的小台肩 d 穿过孔盘上小孔,两齿条轴均处于中间位置,从而通过拨叉使滑移齿轮处于中间位置(见图 3-6(c));③孔盘上对应齿条轴 2 的位置为大孔,对应齿条轴 2′的位置无孔,这时孔盘顶齿条轴 2′左移,从而通过齿轮 3 使齿条轴 2 的台肩穿过大孔右移,并使齿轮处于右位(见图 3-6(d))。

(2) 主变速操纵机构的结构及操作　X6132 型万能升降台铣床的变速操纵机

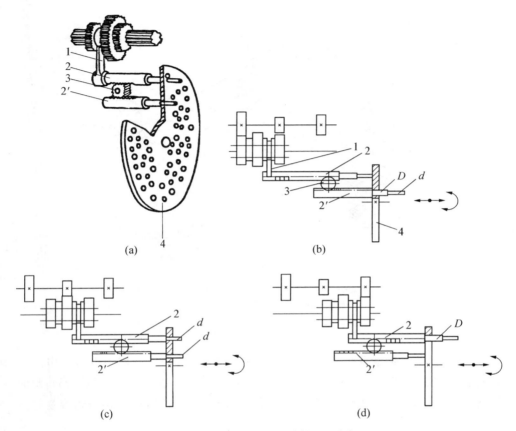

1-拨叉 2、2'-齿条轴 3-齿轮 4-孔盘

图 3-6 孔盘变速原理图

构立体示意如图 3-7 所示。该变速机构操纵了主运动传动链的两个三联滑移齿轮和一个双联滑移齿轮,使主轴获得 18 级转速,孔盘每转 20°改变一种速度。变速是由手柄 1 和速度盘 4 联合操纵。变速时,将手柄 1 向外拉出,手柄 1 绕销子 3 摆动而脱开定位销 2;然后逆时针转动手柄 1 约定 250°,经操纵盘 5、平键带动齿轮套筒 6 转动,再经齿轮 9 使齿条轴 10 向右移动,其上拨叉 11 拨动孔盘 12 右移并脱离各组齿条轴;接着转动速度盘 4,经心轴、一对锥齿轮 13 使孔盘 12 转过相应的角度(由速度盘 4 的速度标记确定);最后反向转动手柄 1,通过齿条轴 10,由拨叉将孔盘 12 向左推入,推动各组变速齿条轴作相应的移位,改变 3 个滑移齿轮的位置,实现变速,当手柄 1 转回原位并由销 2 定位时,各滑移齿轮达到正确的啮合位置。

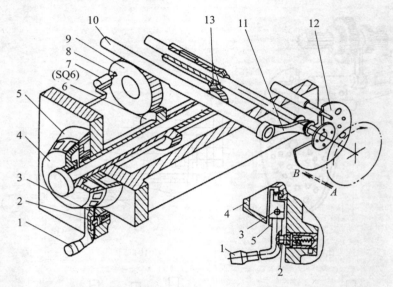

1-手柄 2-定位销 3-销子 4-速度盘 5-操纵盘 6-齿轮套筒 7-微动开关 8-凸块 9-齿轮 10-齿条轴 11-拨叉 12-孔盘 13-一对锥齿轮

图3-7 X6132型铣床主变速操纵机构

变速时,为了使滑移齿轮在移位过程中易于啮合,变速机构中设有主电动机瞬时点动控制。变速操纵过程中,齿轮9上的凸块8压动微动开关7(SQ6),瞬时接通主电动机,使之产生瞬时点动,带动传动齿轮慢速转动,使滑移齿轮容易进入啮合。

3.3.3 工作台及顺铣机构

X6132型万能升降台铣床工作台的结构如图3-8所示。整个工作台部件由工作台6、床鞍1及回转盘2这3层组成,并安装在升降台上(参见图3-2)。工作台6可沿回转盘2上的燕尾导轨纵向移动,并可通过床鞍1在升降台相配的矩形导轨上横向移动。工作台不横向移动时,可通过手柄13经偏心轴12的作用将床鞍夹紧在升降台上。工作台可连同回转盘,一起绕圆锥齿轮轴 XIII 的轴线回转±45°。回转盘转至所需位置后,可用螺栓14和两块弧形压板11固定在床鞍上。纵向进给丝杠3的一端通过滑动轴承及前支架5支承;另一端由圆锥滚子轴承、推力球轴承及后支架9支承。轴承的间隙可通过螺母10调整。回转盘左端安装有双螺母,右端装有带端面齿的空套圆锥齿轮。离合器 M_5 以花键与花键套筒8相连,而花键套筒8又以滑键7与铣有长键槽的进给丝杠相连。因此,当 M_5 左移与

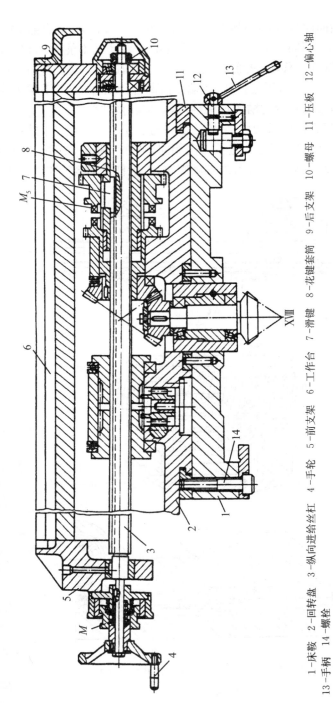

图 3 - 8　X6132 型铣床工作台结构

1—床鞍　2—回转盘　3—纵向进给丝杠　4—手轮　5—前支架　6—工作台　7—滑键　8—花键套筒　9—后支架　10—螺母　11—压板　12—偏心轴
13—手柄　14—螺栓

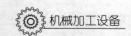

空套圆锥齿轮的端面齿啮合，轴ⅩⅧ的运动就可由圆锥齿轮副、离合器 M₅、花键套筒 8 传至进给丝杠，使其转动。由于双螺母既不能转动又不能轴向移动，所以丝杠在旋转时，同时做轴向移动，从而带动工作台 6 纵向进给。进给丝杠 3 的左端空套有手轮 4，将手轮向前推，压缩弹簧，使端面齿离合器结合，便可手摇工作台纵向移动。纵向丝杠的右端有带键槽的轴头，可以安装配换挂轮。

　　铣床在切削加工时，如果切削力 F 的水平分力 F_x 与进给方向相反，称为逆铣，如图 3-9(a)所示；如果 F_x 与进给方向相同，则称为顺铣，如图 3-9(b)所示。带动工作台纵向进给运动的丝杠若为右旋螺纹，且丝杠按图 3-9(a)和(b)方向转

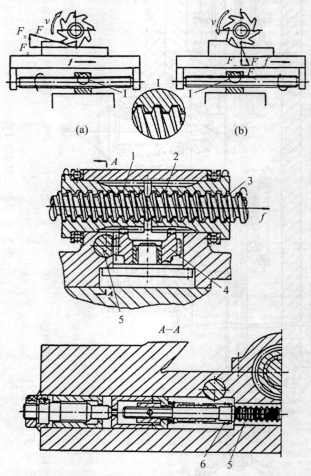

1-左螺母　2-右螺母　3-右旋丝杠　4-寇状齿轮　5-齿条　6-弹簧

图 3-9　顺铣机构工作原理

动时,则丝杠便连同工作台一起向右做纵向进给运动。丝杠螺纹的左侧为工作表面,与螺母螺纹的右侧接触,间隙出现在丝杠螺纹的右侧(见图 3-9 中 I)。当采用逆铣法切削时,F_x 的方向向左,正好使丝杠螺纹左侧面紧靠在螺母螺纹右侧面,因而工作台运动平稳。当采用顺铣法切削时,F_x 方向向右,当切削力足够大时,就会使丝杠螺纹左侧面与螺母脱开,导致工作台向右窜动。由于铣床采用多刃工具,切削力不断变化,从而使工作台在丝杠与螺母间隙范围内来回窜动,影响加工质量。为了解决顺铣时工作台窜动的问题,X6132 型铣床设有顺铣机构,其结构,如图 3-9(c)所示。齿条 5 在弹簧 6 的作用下右移,使冠状齿轮 4 按箭头方向旋转,并通过左、右螺母 1、2 外圆的齿轮,使两者相反方向转动,方向如图 3-9(c)中箭头所示,从而使螺母 1 的螺纹左侧与丝杠螺纹右侧靠紧,螺母 2 的螺纹右侧与丝杠螺纹左侧靠紧。顺铣时,丝杠的轴向力由螺母 1 承受。由于丝杠与螺母 1 之间摩擦力的作用,使螺母 1 有随丝杠转动的趋势,并通过冠形齿轮使螺母 2 产生与丝杠反向旋转的趋势,从而消除了螺母 2 与丝杠间的间隙,不会产生轴向窜动。逆铣时,丝杠的轴向力由螺母 2 承受,两者之产生较大摩擦力,因而使螺母 2 有随丝杠一起转动,从而通过冠状齿轮使螺母 1 产生与丝杠反向旋转的趋势,使螺母 1 螺纹左侧与丝杠螺纹右侧间产生间隙,减少丝杠的磨损。

3.3.4　工作台的进给操纵机构

X6132 型铣床进给运动的接通及断开都是通过离合器来控制,其中控制纵向进给运动采用端面齿离合器 M_5;控制垂向及横向进给运动的为电磁离合器 M_3 及 M_4(参见图 3-3)。进给运动的进给方向由进给电动机改变转向而控制。

(1)工作台纵向进给操纵机构　图 3-10 所示为纵向进给操纵机构结构简图。拨叉轴 6 上装有弹簧 7,在弹力的作用下,拨叉轴 6 具有向左移动的趋势。将手柄 23 向右扳动时,压块 16 也向右摆动,压动微动开关 17,使进给电动机正转。同时,手柄中部叉子 14 逆时针转动,并通过销子 12 带动套筒 13、摆块 11 及固定在摆块 11 上的凸块 1 逆时针转动,使其凸出点离开拨叉轴 6,从而使轴 6 及拨叉 5 在弹簧 7 的作用下左移,并使端面齿离合器 M_5 右半部 4 左移,与左半部结合,接通工作台向右的纵向进给运动。

当将操纵手柄 23 从右边位置板向中间位置时,凸块 1 顶住轴 6,使其不能在弹力作用下左移,离合器 M_5 无法啮合,从而使进给运动断开。此时,手柄 23 下部的压块 16 也处于中间位置,使控制进给电动机正转或反转的微动开关 17(S1)及微动开关 22(S2)均处于放松状态,从而使进给电动机停止转动。

当将手柄 23 向左扳动时,凸块 1 顺时针转动,同样不能使其凸出点顶住轴 6,离合器 M_5 也能结合,同时压块 16 向左摆动,压动微动开关 22,使进给电动机反

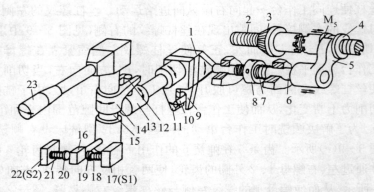

1-凸块　2-纵向丝杠　3-空套圆锥齿轮　4-离合器 M_5 右半部　5-拨叉
6-拨叉轴　7、18、21-弹簧　8-调整螺母　9、14-叉子　10、12-销子
11-摆块　13-套筒　15-垂直轴　16-压块　17-微动开关 S1　19、20-可调螺
钉　22-微动开关 S2　23一手柄

图 3-10　工作台纵向进给操纵机构简图

向旋转,从而使工作台向左纵向进给。

　　机床侧面另有一手柄可通过杠杆(图中未示出)及销子 10 拨动凸块 1 下部的叉子 9,从而使凸块 1 上、下摆动及压块 16 左、右摆动,进而控制纵向进给运动。

　　(2)工作台横向及垂向进给操纵机构　X6132 型铣床工作台的横向和垂向进给操纵机构如图 3-11 所示。手柄 1 有上、下、前、后和中间 5 个工作位置,当前、后扳动手柄 1 时,可通过手柄前端的球头带动轴 4 及与轴 4 用销连接的鼓轮 9 做轴向移动;当上、下扳动手柄 1 时,可通过毂体 3 上的扁槽、平键 2、轴 4 使鼓轮 9 在一定角度范围内来回转动。在鼓轮两侧安装着 4 个微动开关,其中 S3 及 S4 用于控制进给电动机的正转和反转;S7 用于控制电磁离合器 M_4;S8 用于控制电磁离合器 M_3。鼓轮 9 的圆周上加工有带斜面的槽(见图 3-11$E-E$、$F-F$ 截面及立体简图)。鼓轮在移动或转动时,可通过槽上的斜面使顶销 5、6、7、8 压动或松开微动开关 S7、S8、S3 及 S4,从而实现工作台前、后、上、下的横向或垂向进给运动。

　　当向前扳动手柄 1 时,鼓轮 9 向左移动,并通过斜面压下顶销 7,从而使微动开关 S3 动作,进给电动机正转;与此同时,顶销 5 脱离凹槽,处于鼓轮圆周上,压动微动开关 S7,使控制横向进给的电磁离合器 M_4 通电压紧工作,从而实现工作台向前的横向进给运动。

　　当向后扳动手柄 1 时,鼓轮 9 向右移动,顶销 8 被鼓轮 9 上的斜面压下,微动开关 S4 动作,顶销 5 仍处于鼓轮圆周上,压住微动开关 S7,使离合器 M_4 通电工

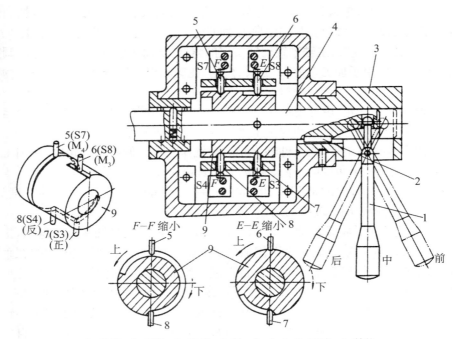

1-手柄　2-平键　3-毂体　4-轴　5、6、7、8-顶销　9-鼓轮

图3-11　横向和垂向进给操纵机构示意图

作。此时,实现工作台向后的横向进给运动。

当向上扳动手柄1时,鼓轮9逆时针转动,顶销8被斜面压下,微动开关S4动作,进给电动机反转,此时顶销6处于鼓轮9圆周表面上,从而压动微动开关S8,使电磁离合器 M_3 吸合。这样就使工作台向上移动。

当向下扳动手柄1时,鼓轮9顺时针转动,顶销7被斜面压下,触动微动开关S3,进给电动机正转,此时顶销6仍处于鼓轮9的圆周面上,使离合器 M_3 工作,从而使工作台向下移动。

当操纵手柄1处于中间位置时,顶销7、8均位于鼓轮的凹槽之中,微动开关S3和S4均处于放松状态,进给电动机不运转。同时顶销5、6也均位于鼓轮9的槽中,放松微动开关S7和S8,使电磁摩擦离合器 M_4 及 M_3 均处于失电不吸合状态,故工作台的横向和垂向均无进给运动。

3.3.5　主要附件——分度头

(1) 分度头的用途　分度头是铣床常用附件,特别是在单件小批生产和设备修理车间,广泛用来扩大铣床的工艺范围。分度头安装在铣床工作台上,被加工工件支承在分度头主轴顶尖与尾座顶尖之间或安装于卡盘上,可完成以下工作:

① 使工件绕分度头主轴轴线回转一定的角度,从而完成等分或不等分的圆周分度工作。如使用于加工六角头、方头、齿轮、花键轴以及等分或不等分刀齿的铰刀等;

② 通过配换挂轮,由分度头带动工件连续旋转,并与工作台的纵向进给运动相配合,进行螺旋槽、螺旋齿和阿基米德螺线凸轮的加工等;

③ 用卡盘夹持工件,使工件轴线相对于铣床工作台倾斜一定角度,以加工与工件轴线相交成一定角度的平面、沟槽、直齿锥齿轮及齿形离合器等。

在铣床上使用较多的是 FW250(250 为装夹工件的最大直径)型万能分度头。现以 FW250 为例说明分度头的结构、传动及其调整方法。

(2) 分度头的结构及传动系统 FW250 分度头的结构如图 3－12 所示,主轴10 安装在回转体 9 内,回转体由两侧轴颈支承在底座 11 上,可使主轴轴线在垂直平面内调整一定的角度,从而与工作台形成一定的夹角,以适应各种工件的加工需要。其向上可仰起 90°,向水平线以下可倾斜 6°。调整后由回转体锁定螺钉 5锁紧。分度头主轴为两端皆有 4 号莫氏锥孔的空心轴,前端锥孔用于安装心轴或顶尖,可与顶尖座配合装夹工件,其前端外部设置定位锥面,用于安装三爪自定心卡盘,并使其有准确的定位。其后端莫氏锥孔用于安装挂轮轴,并经挂轮与侧轴连接实现差动分度。分度头底座的两侧设置两个开口槽,可用 T 型螺栓将分度头与工作台固定连接,其底面上的两块定位键侧面(定位键侧面与主轴轴线有很高的平行度)与工作台 T 型槽侧面靠紧,可使分度头准确定位。分度头侧轴 6 可安装挂轮架,经配换齿轮与工作台纵向进给丝杠相连接,组成一条分度头主轴与工作台纵向运动保持确定运动关系的内联系传动链。分度头主轴分度所需转过的角度由分度手柄 12,借助分度盘 4 上的孔控制。转动分度手柄经传动比为 1∶1的齿轮与 1∶40 的蜗杆副传动主轴(见图 3－12(b)),分度手柄转到所需转数时,将分度定位销 13 插入分度盘的孔中,定位销可在手柄另一端的长槽中沿分度盘半径方向移动,实现各种分度。分度盘的两端面在不同半径的同心圆上分布着不同孔数的等分小孔,以满足各种分度数的要求。

FW250 型万能分度头备有两块分度盘,供分度时选用,每块分度盘前后两面皆有孔,正面 6 圈孔;反面 5 圈孔。它们的孔数分别为

第一块:正面每圈孔数 24,25,28,30,34,37;

　　　　反面每圈孔数 38,39,41,42,43;

第二块:正面每圈孔数 46,47,49,51,53,54;

　　　　反面每圈孔数 57,58,59,62,66。

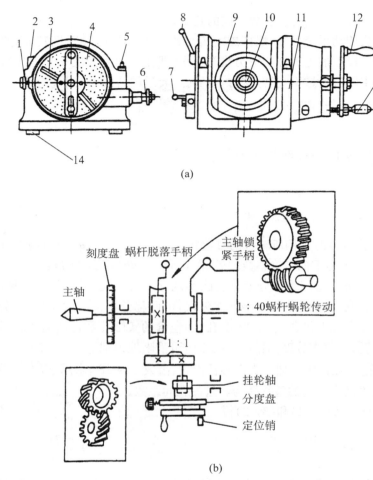

(a)

(b)

1-紧固螺钉　2-刻度盘　3-分度叉　4-分度盘　5-回
转体锁定螺钉　6-侧轴　7-蜗杆脱落柄　8-主轴锁紧手柄
9-回转体　10-主轴　11-底座　12-分度手柄　13-分度定
位销　14-定位键

图 3 - 12　FW250 型万能分度头

（3）分度方法　分度头分度的方法很多,有简单分度法、角度分度法、差动分度法和近似分度法。其中简单分度法和差动分度法应用较多。

① 简单分度法:指直接利用分度盘分度的方法。这种方法适用于图样上给定的是齿数、节距等工件,如直齿圆柱齿轮、链轮、花键等。加工工件的分度数与分度头传动系统中的 40 可相约的场合。分度时用分度盘紧固螺钉锁定分度盘,拨出定位插销转动分度手柄,通过传动系统使分度主轴转过所需的分度数,然后将

定位插销插入分度盘上与分度数对应的孔中。

由分度头传动系统可知,蜗杆副的传动比为 1：40,分度手柄转 40 圈分度头主轴转 1 转。设被加工工件所需分度数为 z(即在一周内分成 z 个等分),每次分度时分度头主轴应转过 $1/z$ 转,这时手柄对应转过的转数可按下式求得

$$n_{\text{手}} = \frac{1}{z} \times \frac{40}{1} \times \frac{1}{1} = \frac{40}{z}。 \qquad (3-1)$$

为使分度时容易记忆,可将上式写成

$$n_{\text{手}} = \frac{40}{z} = a + \frac{p}{q}。 \qquad (3-2)$$

式中,a 为每次分度时手柄所转过的整数转(当 $40/z<1$ 时,$a=0$);q 为所用孔盘中孔圈的孔数;p 为手柄转过整数转后,在 q 个孔上转过孔的间距数。

在分度时,q 值应尽量取分度盘上能实现分度的较大值,可使分度精度高些。为防止由于记忆出错而导致分度操作失误,可调整分度叉 3 的夹角,使分度叉以内的孔数在 q 个孔上包含 $(p+1)$ 个孔,即包含的实际孔数比所需要转过孔的间距数多一个孔,在每次分度插销插入孔中时可清晰地识别。

例 3-1 在铣床上加工直齿圆柱齿轮,齿数 $z=28$,求用 FW250 分度头分度每次分度手柄应转过的整数转与转过的孔间距数。

解: 根据公式(3-1)和(3-2)得

$$n_{\text{手}} = \frac{40}{z} = \frac{40}{28} = 1 + \frac{3}{7} = 1 + \frac{12}{28}, \ 1 + \frac{18}{42}, \ 1 + \frac{21}{49}。$$

计算时应将分数部分化为最简分数,然后分子、分母同乘以一个整数使分母等于 FW250 分度盘上具有的孔数。计算结果表明每次分度时,手柄转过 10/7 转,在手柄转过整数转后,应在孔数为 28 的孔圈上再转过 12 个孔间距,或在孔数为 42、49 的孔圈上分别再转过 18、21 个孔间距。

② 角度分度法:指直接利用分度盘或角度分度表按所需角度分度的方法。这种方法适用于需分度的零件在图样上以角度值来表示的场合(如齿式离合器),以角度值表示的不等分齿槽(不等分齿铰刀)等。根据简单分度法已知,手柄转 40 转,分度头主轴转一转,即转 360°。同理手柄转一转,分度头主轴转 1/40 转,即转过 360°/40＝9°(即 540′或 32 400″)。设所需分度工件相邻圆心角为 θ 时,因分度数 $z = \frac{360°}{\theta}$,故

$$n_{手} = \frac{1}{z} \times \frac{40}{1} \times \frac{1}{1} = \frac{1}{360°/\theta} \times \frac{40}{1} \times \frac{1}{1} = \frac{\theta}{9°} = \frac{\theta'}{540'} = \frac{\theta''}{32\,400''}。 \quad (3-3)$$

应用式(3-3)进行计算时会有两种情况。第一种情况,当所需分度的工件的相邻分度圆心角 θ 能与 $9°$、$540'$、$32\,400''$ 相约时,可得到 $a + \dfrac{p}{q}$,当 $\theta < 9°$ 时,$a = 0$,其具体的操作方法与简单分度法类同。例如,$\theta = 112°$,θ 代入式(3-3)得

$$n_{手} = \frac{112°}{9°} = 12 + \frac{4}{9} = 12 + \frac{24}{54}。$$

分度时手柄转 12 转后,在分度盘孔数为 54 的孔圈上再转过 24 个孔间距即可。

第二种情况,当所需分度的工件的相邻分度圆心角 θ 不能与 $9°$、$540'$、$32\,400''$ 相约,就无法精确分度,这时可利用角度分度表分度,所得分度圆心角 θ 为近似值,引起的分度误差只要小于工件相关精度要求即可。

例 3-2 某直径为 $\phi180$ mm 的圆盘外缘上铣 3 个槽,每个槽的间隔角度为 $\theta = 92°05'$,求分度手柄转过的转数和在孔圈上转过的孔间距数。

解：将分度圆心角 $\theta = 92°05'$ 代入式(3-3)得

$$n_{手} = \frac{\theta}{9°} = \frac{92°05'}{9°} = 10 + \frac{2°05'}{9°}。$$

查表 3-1 得最接近所需分度圆心角 $2°05'$ 的分度圆心角值为 $2°04'37''$,$q = 39$,$p = 9$,因此,在进行分度圆心角为 $92°05'$ 的分度时,手柄转 10 转后,再在孔数为 39 的孔圈上转过 9 个孔间距。

表 3-1 角度分度表 (部分)

分度头转角			分度盘孔数	转过的孔间距数	折合手柄转数	分度头转角			分度盘孔数	转过的孔间距数	折合手柄转数
度	分	秒				度	分	秒			
2	0	0	54	12	0.222 2	3	9	57	13	0.228 1
	1	2	58	13	0.224 1	4	37	39	9	0.230 8
		13	49	11	0.224 5	5	35	43	10	0.232 6
		56	62	14	0.225 8	6	0	30	7	0.233 3
	2	16	53	12	0.226 4		23	47	11	0.234 0
		44	66	15	0.227 3	7	4	51	12	0.235 3

续　表

分度头转角			分度盘孔数	转过的孔间距数	折合手柄转数	分度头转角			分度盘孔数	转过的孔间距数	折合手柄转数
度	分	秒				度	分	秒			
	8	8	59	14	0.237 3		53	37	47	30	0.766 0
		34	42	10	0.238 1		54	0	30	23	0.766 7
	9	8	46	11	0.239 0			25	43	33	0.767 4
		36	25	6	0.240 0		55	23	39	30	0.769 2
	10	0	54	13	0.240 7		56	51	57	44	0.771 9
—	—	—	—	—	—		57	16	66	51	0.772 7
6	50	0	54	41	0.759 3			44	53	41	0.773 6
		24	25	19	0.760 0		58	4	62	48	0.774 2
6	50	52	46	35	0.760 9			47	49	38	0.775 5
	51	26	42	32	0.761 9			58	58	45	0.775 9
		52	59	45	0.762 7	7	0		54	42	0.777 8
	52	6	38	29	0.763 2		1	1	59	46	0.779 7
		56	34	26	0.764 7			28	41	32	0.780 5
		56	51	39	0.764 7		2	37	46	36	0.782 6

③ 差动分度法：由于分度盘的孔圈有限，一些分度数如73、83、113等不能与40约简，若选不到合适的孔圈，就不能用上述分度法进行分度。这时，可采用差动分度法，如图3-13所示。

设工件要求的分度数为 z，且 $z>40$，则分度手柄每次应转过 $40/z$ 转，其定位插销相应从 A 点到 C 点，如图3-13(c)所示。但 C 点处没有相应的孔供定位，定位插销无法插入，故不能用简单分度法分度。为了在分度盘现有孔数的条件下实现所需的分度数 z，并能准确定位，可以选取 z_0 值来计算手柄的转数。这 z_0 值应与 z 接近，能从分度盘上直接选到相应的孔圈，或能与40约简后选到相应的孔圈。z_0 值选定后，手柄的转数应为 $40/z_0$，插销相应从 A 点转到 B 点，离所需分度数 z 的定位点 C 的差值为 $\dfrac{40}{z}-\dfrac{40}{z_0}$。为了补偿这一误差，只要将分度盘上的 B 点转到 C 点，以使插销插入准确定位，就可实现分度数为 z 的分度。实现补差的传动由手柄轴经分度头的传动系统，再经连接分度头主轴与侧轴的挂轮传动分度盘。分度

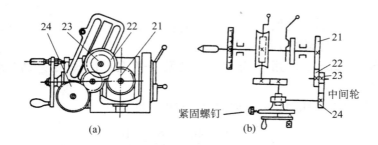

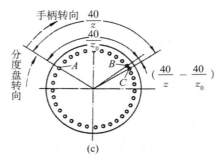

图 3-13　差动分度法

时手柄按所需分度数转 $40/z$ 转时,经上述传动使分度盘转 $\left(\dfrac{40}{z} - \dfrac{40}{z_0}\right)$ 转,插销准确插入 C 点定位。因此,分度时手柄轴与分度盘之间的运动关系为

$$\text{手柄轴转} \frac{40}{z} \text{ 转 —— 分度盘转} \frac{40}{z} - \frac{40}{z_0} \text{ 转。}$$

这条差动传动链的运动平衡式

$$\frac{40}{z} \times \frac{1}{1} \times \frac{1}{40} \times \frac{z_1}{z_2} \times \frac{z_3}{z_4} \times \frac{1}{1} = \frac{40}{z} - \frac{40}{z_0} = \frac{40(z_0 - z)}{z z_0}\text{。} \qquad (3-4)$$

整理式(3-4)得换置公式

$$\frac{z_1}{z_2} \times \frac{z_3}{z_4} = \frac{40(z_0 - z)}{z z_0}\text{。} \qquad (3-5)$$

式中,z 为工件所要求的分度数;z_0 为选定的分度数。

　　分度盘应从哪个方向补转,决定的原则是:当 $z_0 > z$ 时,分度手柄与分度盘的旋转方向应相同;当 $z_0 < z$ 时,分度手柄与分度盘的旋转方向应相反。

　　FW250 型万能分度头配备挂轮 25(两个)、30、35、40、50、55、60、70、80、90、100 共 12 个。

例 3 - 3 在铣床上加工齿数为 77 的直齿圆柱齿轮,用 FW250 型万能分度头进行分度,试进行调整计算。

解: 因 77 无法与 40 相约,分度盘上又无 77 孔的孔圈,故用差动分度法。取假定分度数 $z_0 = 75$。

(1)确定分度盘孔圈孔数及插销应转过的孔间距数

$$n_手 = \frac{40}{z_0} = \frac{40}{75} = \frac{8}{15} = \frac{16}{30}°$$

(2)计算挂轮齿数

$$\frac{z_1}{z_2} \times \frac{z_3}{z_4} = 40 \times \frac{(z_0 - z)}{z_0} = 40 \times \frac{(75 - 77)}{75} = -\frac{80}{75} = -\frac{16}{15} = -\frac{4 \times 4}{3 \times 5} = -\frac{80 \times 40}{60 \times 50}°$$

因 $z_0 < z$,所以分度盘旋转方向应与手柄转向相反。

3.4 其他常用铣床简介

前面我们介绍了万能升降台铣床的组成,在机械加工中,还经常会用到其他类型的铣床,例如,主轴垂直布置的立式升降台铣床,工具车间常用的万能工具铣床,用于加工大、中型工件的龙门铣床以及成形铣床等。各类铣床根据其使用要求的不同,在机床布局和运动方式上均各有特点。

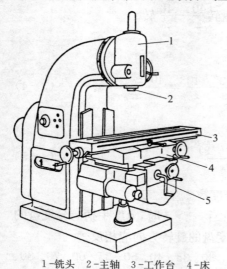

3.4.1 立式升降台铣床

立式升降台铣床与万能升降台铣床的主要区别是主轴与工作台面垂直,呈立式布置,如图 3 - 14 所示。主轴 2 安装在立铣头 1 内,可沿其轴线方向进给或经手动调整位置。立铣头 1 可根据加工要求,在垂直平面内向左或向右在 45°范围内回转,使主轴与台面倾斜成所需角度,以扩大铣床的工艺范围。立式铣床的其他部分,如工作台 3、床鞍 4 及升降台 5 的结构与卧式升降台铣床相同。

立式铣床是一种生产效率比较高的机床,操作时观察加工情况也比较方便,能够

1-铣头 2-主轴 3-工作台 4-床鞍 5-升降台

图 3 - 14 立式升降台铣床

安装端铣刀、立铣刀、键槽铣刀及半圆键铣刀等,来加工平面、台阶面、斜面、键槽等,还可以加工内外圆弧面、T 形槽以及凸轮等。它也是一种应用较广的机床。

3.4.2 龙门铣床

龙门铣床是由床身、两根立柱 5、7 及顶梁 6 构成的龙门式框架,并因此而得名,如图 3-15 所示。通用的龙门铣床一般有 3~4 个铣头,分别安装在左右立柱和横梁 3 上。每个铣头都是一个独立的主运动传动部件,其中包括单独的驱动电动机、变速机构、传动机构、操纵机构及主轴部件等部分。横梁 3 上的两个垂直铣头 4、8 可沿横梁导轨,做水平方向的位置调整。横梁本身及立柱上的两个水平铣头 2、9 可沿立柱上的导轨调整垂直方向位置。各铣刀的切削深度均由主轴套筒带动铣刀主轴沿轴向移动实现。加工时,工作台带动工件纵向进给运动。由于采用多刀同时切削几个表面,加工效率较高,另外,龙门铣床不仅可作粗加工、半精加工,还可进行精加工。加工对象主要是各类大型工件上的平面、沟槽,借助附件还可完成斜面、孔等加工。所以这种机床在成批和大量生产中得到广泛应用。

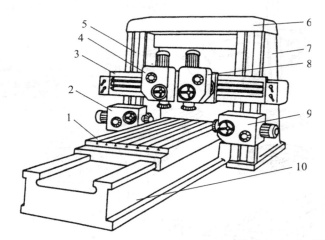

1-工作台　2、9-水平铣头　3-横梁　4、8-垂直铣头　5、7-立柱　6-顶梁　10-床身

图 3-15　龙门铣床

大型、重型及超重型龙门铣床用于加工单件小批生产中的大型及重型零件,它仅有 1 或 2 个铣头,但配备有多种铣削和镗孔附件,所以能满足各种加工的需要。

3.4.3 万能工具铣床

万能工具铣床的基本布局与万能升降台铣床相似,但配备有多种附件,因而扩大了机床的万能性。图3-16所示为万能工具铣床外形及附件。在图3-16(a)中机床安装着主轴座1、固定工作台2,此时的机床功能与卧式升降台铣床相似,只是机床的横向进给运动由主轴座1的水平移动来实现,而纵向进给运动与垂向进给运动仍分别由工作台2及升降台3来实现。根据加工需要,机床还可安装其他图示附件,图3-16(b)为可倾斜工作台,图3-16(c)为回转工作台,图3-16(d)为平口钳,图3-18(e)为分度装置(利用该装置,可在垂直平面内调整角度,其上端顶尖可沿工件轴向调整距离),图3-16(f)为立铣头,图3-16(g)为插削头(用于插削工件上键槽)。

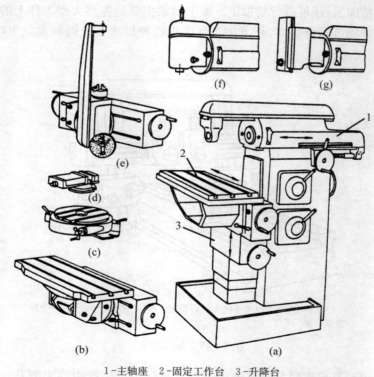

1-主轴座　2-固定工作台　3-升降台

图3-16　万能工具铣床

由于万能工具铣床结构小巧、组合面较多、刚性较小、万能性较强,加之机床功率不大,故常用于工具车间,加工形状复杂的各种切削刀具、夹具及模具零件等。

随着科学技术的发展,数控机床的应用日益广泛。在铣床上若配置数字控制系统,各运动部件的运动速度、轨迹、方向、起止点、位移量大小都根据控制指令由伺服系统精确地实现;相应地对一些结构进行改进,则可成为数控铣床。

复习思考题

1. 简述铣床的工艺范围及组成。

2. 铣床的主运动和第一主参数是什么?

3. 试写出 X6132 型铣床的主运动和进给运动传动路线表达式。

4. X6132 型铣床进给运动传动链中设置有两组三联滑移齿轮变速组和一组曲回机构变速,而曲回机构又可获得 3 种不同的传动比,为什么工作台只有 21 种有效的进给量?

5. 为何卧式车床的进给运动由主电动机带动,而 X6132 型铣床的主运动和进给运动分别由两台电动机分别驱动?

6. 说明 X6132 型铣床是如何用一台电动机既能实现工作台 3 个相互垂直方向的进给运动,又能实现快速调整移动的。

7. 铣削加工的主要特点是什么? 试分析主轴部件为适应这一特点在结构上采取了哪些措施?

8. 如何调整主轴轴承间隙?

9. 试就图 3-6 说明孔盘变速工作原理,并将此种变速方法与 CA6140 型车床的六级变速机构作一比较。

10. X6132 型铣床的主轴变速操纵机构起何作用? 简述其变速时的操作方法和工作原理。

11. X6132 型铣床的横向、垂向进给是如何互锁的?

12. 什么叫顺铣? 什么叫逆铣?

13. 为何 X6132 型铣床要设置顺铣机构? 顺铣机构的主要作用是什么?

14. 试述 X6132 型铣床中下列零件所在部位及作用:飞轮,电磁摩擦离合器 M_1 及 M_2,电磁离合器 M_3 及 M_4,端面齿离合器 M_5,微动开关 S3、S4、S7、S8。

15. 利用分度头铣螺旋槽时,机床要作哪些调整工作?

16. 在铣床上使用 FW250 型分度头加工直齿圆柱齿轮,已知齿轮齿数如下,请选择分度方法,进行分度计算:

$$z = 35 \qquad z = 26 \qquad z = 83 \qquad z = 200 \qquad z = 249$$

17. 使用 FW250 型分度头，在铣床上加工某圆盘上的 12 个槽，每个槽的间隔角度为 $11°6'$，试进行分度计算。

18. 在 X6132 型铣床上利用 FW250 型分度头铣削 $z = 30$、$m_n = 4$、$\beta = 18°$ 的右旋斜齿圆柱齿轮，试进行如下调整计算：

（1）计算工件导程；　　（2）计算分度头挂轮；

（3）绘制工作台转动角度的示意图；　　（4）分度头的分度计算；

（5）试说明利用分度头铣削螺旋槽时，要作哪些调整。

19. 立式升降台铣床与万能升降台铣床的主要区别是什么？

20. 龙门铣床和万能工具铣床各有何特点？

第 **4** 章

磨　床

4.1　磨削加工方法

用磨料磨具（砂轮、砂带、油石和研磨料等）作工具进行切削加工的机床，统称磨床。由于磨削加工较易获得高的加工精度和小的表面粗糙度值，所以磨床主要应用于零件表面的精加工，尤其是淬硬的钢件和高硬度特殊材料的精加工。在一般加工条件下，精度为 IT5～IT6 级，表面粗糙度为 Ra 0.32～1.25 μm；在高精度外圆磨床上进行精密磨削时，尺寸精度可达 0.2 μm，圆度可达 0.1 μm，表面粗糙度可控制到 Ra 0.01 μm；精密平面磨削的平面度可达 0.001 5/1 000。

4.1.1　磨床的种类

适应磨削各种表面、工件形状和生产批量的要求，磨床的种类很多，主要类型有：

（1）外圆磨床　外圆磨床包括万能外圆磨床、普通外圆磨床、无心外圆磨床等；

（2）内圆磨床　内圆磨床包括普通内圆磨床、无心内圆磨床、行星式内圆磨床等；

（3）平面磨床　平面磨床包括卧轴矩台平面磨床、立轴矩台平面磨床、卧轴圆台平面磨床、立轴圆台平面磨床等；

（4）工具磨床　工具磨床包括工具曲线磨床、钻头沟槽磨床、丝锥沟槽磨床等；

（5）刀具刃具磨床　刀具刃具磨床包括万能工具磨床、拉刀刃磨床、滚刀刃磨床等；

（6）各种专门化磨床　专门化磨床是指专门用于磨削某一类零件的磨床，如曲轴磨床、凸轮轴磨床、花键轴磨床、球轴承磨床、活塞环磨床、螺纹磨床、导轨磨床、中心孔磨床等；

（7）其他磨床　如珩磨机、研磨机、抛光机、超精加工机床、砂轮机等。

磨床工艺范围十分广泛，可以加工各种表面，如内外圆柱面和圆锥面、平面、渐开线齿廓面、螺旋面以及各种成形面等，还可以刃磨刀具和切断等。

4.1.2　磨削时的运动

在生产中应用最广泛的是外圆磨床、内圆磨床和平面磨床 3 类。

（1）外圆磨削时的运动　外圆磨床主要用来磨削外圆柱面和圆锥面，基本的磨削方法有纵磨法和切入磨法，如图 4-1 所示。

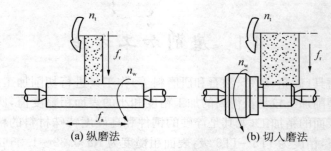

(a) 纵磨法　　　　　　　　　　(b) 切入磨法

图 4-1　外圆磨床的磨削方法

纵磨时，砂轮旋转做主运动（n_t），进给运动有工件旋转做圆周进给运动（n_w），工件沿其轴线往复移动做旋转主运动（f_a），在工件每一纵向行程或往复行程终了时，砂轮做一次横向进给运动（f_r）。

切入磨时，工件只做圆周进给（n_w），而无纵向进给运动，砂轮则连续地做横向进给运动（f_r），直到磨去全部余量为止。

（2）内圆磨削时的运动　内圆磨床用于磨削各种圆柱孔（通孔、盲孔、阶梯孔和断续表面的孔等）和圆锥孔，其磨削方法有普通内圆磨削、无心内圆磨削及行星内圆磨削，如图 4-2 所示。

普通内圆磨时，工件用卡盘或其他夹具装夹在机床主轴上，由主轴带动旋转做圆周进给运动（n_w），砂轮高速旋转实现主运动（n_t），同时砂轮或工件往复移动做纵向进给运动（f_a），在每次（或 n 次）往复行程后，砂轮或工件做一次横向进给（f_r）。

无心内圆磨时，工件支承在滚轮 1 和导轮 3 上，压紧轮 2 使工件紧靠导轮，工件即由导轮带动旋转，实现圆周进给运动（n_w）。砂轮除了完成主运动（n_t）外，还做纵向进给运动（f_a）和周期横向进给运动（f_r）。

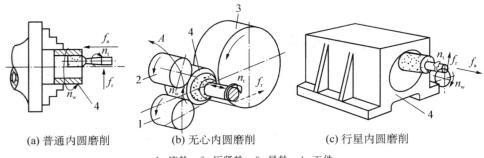

(a) 普通内圆磨削　　(b) 无心内圆磨削　　(c) 行星内圆磨削

1-滚轮　2-压紧轮　3-导轮　4-工件

图 4-2　内圆磨床的磨削方法

行星内圆磨时,工件固定不动,砂轮除了绕其自身轴线高速旋转实现主运动(n_t)外,还同时绕被磨削内孔的轴线做公转运动,以完成圆周进给运动(n_w)。纵向往复运动(f_a)由砂轮或工件完成。周期地改变砂轮与被磨孔轴线之间的偏心距离,即增大砂轮公转运动的旋转半径,可实现横向进给运动(f_r)。

(3)平面磨削时的运动　平面磨床主要用于磨削各种工件上的表面,其磨削方法主要有周边矩台磨削、周边圆台磨削、端面矩台磨削和端面圆台磨削,如图4-3所示。

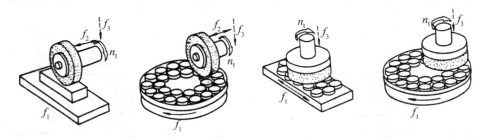

(a) 周边矩台磨削　　(b) 周边圆台磨削　　(c) 端面矩台磨削　　(d) 端面圆台磨削

图 4-3　平面磨床的磨削方法

工件安装在矩形或圆形工作台上,做纵向往复直线运动或圆周进给运动(f_1),用砂轮的周边或端面进行磨削。用砂轮周边磨削时(图4-3(a)及图4-3(b)),由于砂轮宽度限制,需要沿砂轮轴线方向作横向进给运动(f_2)。为了逐步切除全部余量并获得所需要的工件尺寸,砂轮还需要周期地沿垂直于工件被磨削表面的方向进给(f_3)。

4.2　M1432B 万能外圆磨床

M1432B 型万能外圆磨床是目前应用较普遍的外圆磨床,主要用于磨削外圆柱面和圆锥面,还可磨削内孔和台阶面等。

4.2.1　M1432B 型万能外圆磨床典型加工方法

图 4-4 所示为万能外圆磨床上几种典型表面的加工示意图。由图可以看出,机床必须具备以下运动:外磨或内磨砂轮的旋转主运动 n_t,工件圆周进给运动 n_w,工件(工作台)往复纵向进给运动 f_a,砂轮周期或连续横向进给运动 f_r。此外,机床还有砂轮架快速进退和尾座套筒缩回两个辅助运动。

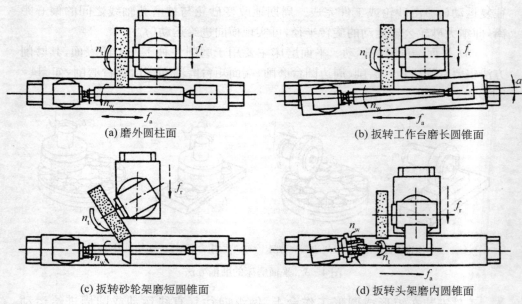

(a) 磨外圆柱面　　　　　　　　　　(b) 扳转工作台磨长圆锥面

(c) 扳转砂轮架磨短圆锥面　　　　　　(d) 扳转头架磨内圆锥面

图 4-4　万能外圆磨床典型加工示意

4.2.2　M1432B 万能外圆磨床的组成

图 4-5 所示为 M1432B 型万能外圆磨床的外形。在床身 1 顶面前部的纵向导轨上装有工作台 3,台面上装着工件头架 2 和尾架 6。被加工工件支承在头、尾架顶尖上,或用头架主轴上的卡盘夹持,由头架上的传动装置带动旋转,实现圆周

进给运动。尾架在工作台上可左右移动调整位置,以适应装夹不同长度工件的需要。工作台由液压传动沿床身导轨往复移动,使工件实现纵向进给运动;也可用手轮操纵,做手动进给运动调整纵向位置。工作台有上下两层,上工作台可相对于下工作台在水平面内偏转一定角度(一般不大于±10°),以便磨削锥度不大的圆锥面。砂轮架 5 由装有砂轮主轴及传动装置组成,安装在床身顶面后部的横向导轨上,利用横向进给机构可实现横向进给运动以及调整位移。装在砂轮架上的内磨装置 4 用于磨削内孔,其上的内圆磨具由单独的电动机驱动。万能外圆磨床的砂轮架和头架,都可绕垂直轴线转动一定角度,以便磨削锥度较大的圆锥面。

此外,在床身内还有液压传动装置,在床身左后侧有冷却液循环装置。

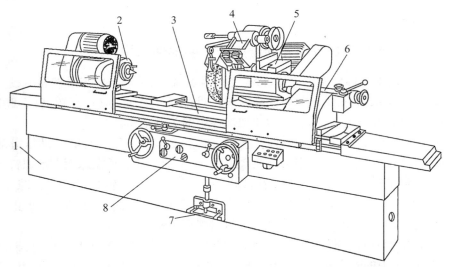

1-床身 2-工件头架 3-工作台 4-内磨装置 5-砂轮架 6-尾架 7-脚踏操纵板 8-控制箱

图 4 - 5 M1432B 型万能外圆磨床外形图

4.2.3 M1432B 万能外圆磨床的技术参数

M1432B 型万能外圆磨床的主要技术规格如下:

外圆磨削直径 $\phi8 \sim \phi320$ mm;

最大外圆磨削长度   (共有 3 种规格)750 mm、1 000 mm、1 500 mm;

内孔磨削直径 $\phi30 \sim \phi100$ mm;

最大内孔磨削长度   125 mm；

磨削工件最大质量   150 kg；

砂轮尺寸   （外径×宽度×内径）ϕ400 mm×50 mm×ϕ203 mm；

外圆砂轮转速   1 600 r/min；

砂轮回转角度   ±30°

头架主轴转速   25 r/min、50 r/min、75 r/min、110 r/min、150 r/min、220 r/min；

内圆砂轮转速   10 000 r/min、15 000 r/min；

内圆砂轮尺寸   （两种）最大 ϕ50 mm×25 mm×ϕ13 mm；最小 ϕ17 mm×20 mm×ϕ6 mm；

工作台纵向移动速度   （液压无级调速）0.05～4 m/min；

机床质量   3 200 kg、4 500 kg、5 800 kg。

4.2.4　M1432B 万能外圆磨床的主要部件结构

（1）砂轮架　砂轮架由壳体、砂轮主轴及其轴承、传动装置与滑鞍等组成。砂轮主轴及其支承部分的结构将直接影响工件的加工质量，应具有较高的回转精度、刚度、抗震性及耐磨性，它是砂轮架部件中的关键结构。

图 4-6 所示的砂轮架中，砂轮主轴 8 前、后支承都采用"短四瓦"动压滑动轴承，每一个滑动轴承由 4 块扇形轴瓦 5 组成，每块轴瓦都支承在球面支承螺钉 4 的球头上。调节球面支承螺钉的位置，即可调整主轴轴颈与轴瓦之间的间隙，通常间隙为 0.01～0.02 mm。调整好以后，用螺套 3 和锁紧螺钉 2 锁紧，以防止球面支承螺钉松动而改变轴承间隙，最后用封口螺钉 1 密封。

砂轮主轴向右的轴向力通过主轴右端轴肩作用在轴承盖 9 上，向左的轴向力通过带轮 13 中的 6 个螺钉 12，经弹簧 11 和销子 10 以及推力球轴承，最后传递到轴承盖 9 上，弹簧 11 的作用是给推力球轴承预加载荷，消除止推滑动轴承的间隙。

砂轮工作时的圆周速度很高（一般为 35 m/s 左右），为了保证砂轮运转平稳，采用带传动直接传动砂轮主轴，装在主轴上的零件应校静平衡，整个主轴部件还要校动平衡。

砂轮架壳体内装润滑油以润滑主轴轴承，油面高度可通过油标观察，主轴两端采用橡胶油封实现密封。

砂轮架壳体用 T 型螺钉紧固在滑鞍上，可绕滑鞍上的定位销轴转动，其范围为±30°。磨削时，通过横向进给机构和半螺母，可使滑鞍带着砂轮架沿垫板上的滚动导轨做横向进给运动或快速进退移动。

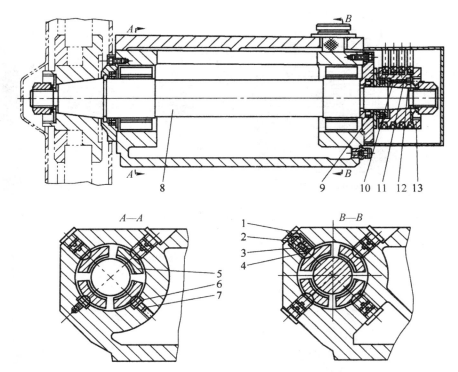

1-封口螺钉　2-锁紧螺钉　3-螺套　4-球面支承螺钉　5-扇形轴瓦　6-密封圈　7-轴瓦支承头销　8-砂轮主轴　9-轴承盖　10-销子　11-弹簧　12-螺钉　13-带轮

图 4-6　M1432B 型万能外圆磨床砂轮架

（2）头架　头架由壳体、头架主轴及其轴承、传动装置、底座等组成，如图 4-7 所示。根据不同的工作需要，头架主轴 10 和前项尖可以转动或固定不动。当用前后顶尖支承工件磨削时，拨盘 9 上的拨杆 20 拨动工件夹头，使工件旋转。这时，头架主轴 10 和顶尖是固定不转的。固定主轴的方法是：顺时针方向旋转捏手 14 到旋转不动为止，通过蜗杆齿轮间隙消除机构将头架主轴间隙消除。这时头架主轴 10 固定，不能旋转，工件则由与带轮 11 连接的拨盘 9 上的拨杆 20 带动。当用三爪自定心卡盘或四爪单动卡盘、专用夹具夹持工件磨削时，在头架主轴 10 前端安装卡盘。在安装卡盘前，用千分表顶在头架主轴的端部，通过捏手 14 按逆时针方向旋转（并观察千分表的读数）。在选择好头架主轴的间隙后，把装在拨盘 9 上的传动键 13 插入头架主轴中，再用螺钉将传动键固定。然后再固定螺钉 12 将卡盘安装在头架主轴大端的端部。运动由拨盘 9 带动头架主轴 10 旋转，卡盘也随着一起转动。

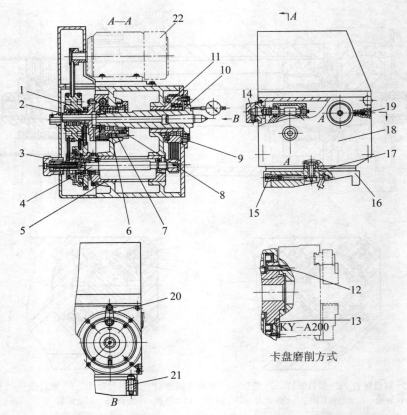

1、11-带轮　2、5-偏心套　3-变速捏手　4-中间轴　6、7-隔套　8-角接触
球轴承　9-拨盘　10-头架主轴　12、15、19-螺钉　13-传动键　14-捏手　16-底
座　17-销轴　18-壳体　20-拨杆　21-偏心轴　22-双速电动机

图 4-7　M1432B 型万能外圆磨床头架

头架主轴 10 的后支承为两个"面对面"排列安装的 P5 级精度的角接触球轴
承 8。头架主轴后轴颈处有一轴肩,因此主轴的轴向定位由后支承的两个轴承来
实现,即两个方向的轴向力由后轴承的两个轴承承受,通过仔细修磨隔套 6、7 的
厚度,使轴承内、外圈产生一定的轴向位移,对头架主轴轴承预紧,以提高头架主
轴部件的刚度和旋转精度。头架主轴的运动由传动平稳的带传动实现,头架主轴
上的带轮采用卸荷式带轮装置,以减少主轴的弯曲变形。头架主轴 10 的前、后端
部采用橡胶密封圈密封。

头架变速可通过推拉变速捏手 3 及改变双速电动机 22 的转速来实现,在推拉
变速捏手 3 变速时,应先将电动机停止才可进行。带轮 1 和中间轴 4 装在偏心套
2 和 5 上,转动偏心套可调整各带轮之间传动的张紧力。转动偏心套 5 获得适当

的张紧力后,应将螺钉 19 锁紧偏心套 5。

壳体 18 可绕底座 16 上的销轴 17 来调整角度位置,回转角度为逆时针方向 0°~90°,以磨削锥度大的短锥体。头架壳体 18 固定在工作台上,可先旋紧两个螺钉 15,然后再旋紧螺钉 15 中的内六角螺钉(左旋螺牙),这样就可以将头架壳体固定在工作台上了。

头架的侧母线可通过销轴 17 进行微量调整,以保证头架和尾座的中心在侧母线上一致。头架的侧母线与砂轮架导轨的垂直度可通过偏心轴 21 进行微量调整,调整后必须将偏心轴 21 锁紧。

(3) 横向进给机构　横向进给机构用于实现砂轮架的周期或连续横向工作进给、调整位移和快速进退,以确保砂轮和工件的相对位置,控制工件的直径尺寸。因此,对它的基本要求是保证砂轮架有高的定位精度和进给精度。

横向进给机构的工作进给有手动的,也有自动的,调整位移一般用手动,而定距离的快速进退通常都采用液压传动。图 4-8 所示是可作自动周期进给的横向进给机构。

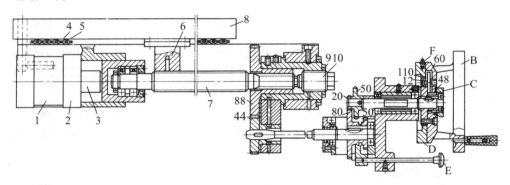

1-液压缸　2-活塞　3-活塞杆　4、5-滚动导轨 6-半螺母　7-丝杠　8-滑鞍　9-螺母　10-定位螺母

图 4-8　M1432B 型万能外圆磨床横向进给机构

① 手动进给:用手转动手轮 B,经齿轮副 $\frac{50}{50}$ 或 $\frac{20}{80}$,再经 $\frac{44}{88}$ 传给动丝杠 7 转动(螺距 $P=4$ mm),可使砂轮架作横向进给。手轮转一周,砂轮架的横向进给量为 2 mm(粗进给)或 0.5 mm(细进给),手轮 B 的刻度盘上的刻度为 200 格,因此每格进给量为 0.01 mm 或 0.002 5 mm。

② 砂轮架的快速进退:砂轮架的快速进退由液压缸 1 实现。液压缸的活塞杆 3 右端用向心推力轴承与丝杠 7 连接,它们之间可以相对转动,但不能做相对轴向的移动。丝杠 7 的右端用花键与 $z=88$ 齿轮连接,并能在齿轮花键孔中滑移。当

液压缸 1 的左腔或右腔通压力油时,活塞 2 带动丝杠 7 经半螺母 6 带动砂轮架快速向前趋近工件或快速向后退离工件。砂轮架快进至终点位置时,丝杠 7 的前端顶在刚性定位螺母 10 上,使砂轮架准确定位。刚性定位螺钉 10 的位置可以调整,调整后用螺母 9 锁紧。

③ 定程磨削及其调整:在进行批量加工时,为了简化操作,节省辅助时间,通常先试磨一个工件,当磨削到所要求的尺寸后,调整刻度盘 D 上撞块 F 的位置,使其在横向进给磨削至所需直径时,正好与固定在床身前罩上的定位爪相碰。这样,在磨削同一批其余工件时,只需转动手轮 B(或液压自动进给)至撞块与定位爪相碰时,说明工件已经达到所需磨削尺寸。应用这种方法,可以减少在磨削过程中反复测量工件的次数。

当砂轮磨损或修正后,由撞块 F 控制的工件直径将变大。这时,必须重新调整砂轮架的行程终点位置。因此需微量调整刻度盘 D 上撞块 F 与手轮的相对位置。调整的方法是:拨出旋扭 C(其端面上有沿圆周均匀分布的 21 个定位销孔),使它与手轮 B 上的定位销脱开,然后在手轮不动的情况下,顺时针转动旋扭 C,经齿轮副 $\frac{48}{50}$ 带动 $z=12$ 齿轮和刻度盘 D 上的内齿轮($z=110$),使刻度盘 D 连同撞块 F 一起逆时针转动。刻度盘转过的格数(角度),应根据砂轮直径减小所引起的工件尺寸变化量确定。调整妥当后,将旋扭 C 推入,手轮 B 上的定位销插入它后端面上的销孔中,使刻度盘 D 和手轮 B 联成一个整体。

由于在旋扭后端面上沿周向均布 21 个销孔,而手轮 B 每转一转的横向进给量为 2 mm(粗进给)或 0.5 mm(细进给),因此,旋扭 C 每转过一个孔距时,可补偿砂轮架的横向位移量 f_r' 为

$$粗进给时 \quad f_r' = \frac{1}{21} \times \frac{48}{50} \times \frac{12}{112} \times 2 \text{ mm}$$
$$= 0.01 \text{ mm};$$

$$细进给时 \quad f_r' = \frac{1}{21} \times \frac{48}{50} \times \frac{12}{112} \times 0.5 \text{ mm}$$
$$= 0.002\,5 \text{ mm}。$$

(4) 内磨装置　万能外圆磨床除磨削外回转面外,还需磨削内孔,所以应有内磨装置。内磨装置主要由支架 2 和内圆磨具 1 两部分组成,如图 4-9 所示。它通常以铰链连接方式装在砂轮架的前上方,使用时翻下,如图 4-9 所示位置,不用时翻向上方,如图 4-5 所示位置。

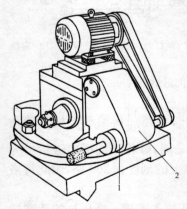

1-内圆磨具　2-支架

图 4-9　内磨装置

内圆磨具是磨内孔用的砂轮主轴部件,如图4-10所示。磨削内圆时因砂轮直径较小,为达到一定的磨削速度,要求砂轮轴具有很高的转速,因此内圆磨具除应保证主轴在高转速下运转平稳,还应具有足够的刚度和抗震性。内圆磨具主轴由平带传动。主轴前、后轴承各用两个P5级精度的角接触球轴承,用弹簧3通过套筒2和4进行预紧。主轴的前端有一莫氏锥孔,可根据磨削孔的深度安装不同的接长轴1;后端有一外锥面,以安装平带轮,由电动机通过平带直接传动主轴。

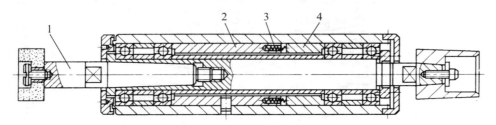

1-接长轴 2、4-套筒 3-弹簧

图4-10 内圆磨具

4.3 内圆磨床与平面磨床

4.3.1 内圆磨床

内圆磨床的主要类型有普通内圆磨床、无心内圆磨床和行星运动内圆磨床。普通内圆磨床是生产中应用最广的一种。

内圆磨床可以磨削圆柱形或圆锥形的通孔、盲孔和阶梯孔。图4-11(a)所示是用纵磨法磨孔,图4-11(b)所示是用切入法磨孔。图4-11(a、b)的 $f_横$ 是切入运动。有的内圆磨床还附有磨削端面的磨头,可以在一次装夹下磨削端面和内孔,如图4-11(c、d)所示,以保证端面垂直于孔中心线。图4-11(c、d)的 $f_纵$ 是切入运动。

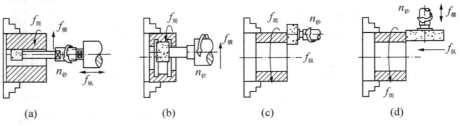

(a)　　　　　(b)　　　　　(c)　　　　　(d)

图4-11 普通内圆磨床的磨削方法

图 4-12 所示是 M2110 型内圆磨床的外形图，它由床身 12、工作台 2、头架 5、内圆磨具 7 和砂轮修整器 6 等部件组成。

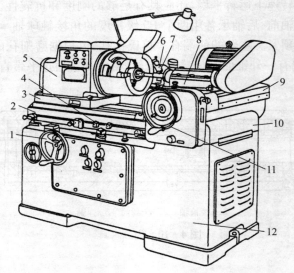

1-手轮　2-工作台　3-底板　4-撞块　5-头架　6-砂
轮修正器　7-内圆磨具　8-磨具座　9-横拖板　10-桥板
11-手轮　12-床身

图 4-12　M2110 型内圆磨床

头架通过底板固定在工作台左端。头架主轴的前端装有卡盘或其他夹具，以夹持并带动工件旋转实现圆周进给运动。头架可相对于底板绕垂直轴线转动一定角度，以便磨削圆锥孔。底板可沿工作台台面上的纵向导轨调整位置，以适应磨削各种不同工件的需要。磨削时，工作台由液压传动，沿床身纵向导轨做直线往复运动（由撞块 4 自动控制换向），使工件实现纵向进给运动。装卸工件或磨削过程中测量工件尺寸时，工作台需向左退出较大距离，为了缩短辅助时间，当工件退离砂轮一段距离后，安装在工作台前侧的挡块可自动控制油路转换为快速行程，使工作台很快地退至左边极限位置。重新开始工作时，工作台先快速向右，而后自动转换为进给速度。另外，工作台也可用手轮 1 转动。

内圆磨具是内圆磨床的关键部件，它安装在磨具座 8 中。M2110 型内圆磨床有两套转速不同的内圆磨具，可根据磨削孔径的大小调换。砂轮主轴由电动机通过平胶带直接传动，实现内圆磨削的主运动。磨具座 8 固定在横拖板 9 上，后者可沿固定于床身上的桥板 10 上的导轨移动，使砂轮实现横向进给运动。砂轮的横向进给运动有手动和自动两种，手动进给由手轮 11 实现，自动进给由固定在工作台上的撞块操纵横向进给机构实现。

　　砂轮修整器 6 是修整砂轮用的,它安装在工作台中部台面上,根据需要可调整其纵向和横向位置。

4.3.2　平面磨床

　　平面磨床主要用于磨削各种工件上的平面。根据砂轮的工作面不同,平面磨床可分为用砂轮轮缘磨削和用砂轮端面磨削两类。用砂轮轮缘磨削的平面磨床的砂轮主轴通常是水平的;用砂轮端面磨削的平面磨床砂轮主轴通常是垂直的。用砂轮端面磨削的平面磨床与用轮缘磨削的平面磨床相比较,由于端面磨削的砂轮直径往往比较大,能磨出工件的全宽,磨削面积较大,所以生产率较高。但端面磨削时砂轮和工件表面是成弧形线或面接触,接触面积大,冷却困难,且切屑不易排除,所以加工精度较低,表面粗糙度值较大。而用砂轮轮缘磨削,由于砂轮和工件接触面较小,发热量少,冷却和排屑条件较好,可获得较高的加工精度和较小的表面粗糙度值。

　　根据工作台的形状不同,平面磨床又可分为矩形工作台和圆形工作台。圆台平面磨床和矩台平面磨床相比,圆台式的生产率稍高些,这是由于圆台式是连续进给,而矩台式有换向时间损失。但圆台式只适于磨削小零件和大直径的环形零件端面,不能磨削窄长零件。而矩台式可方便地磨削不同形状的零件。

　　所以,平面磨床按其砂轮轴线的位置和工作台的结构特点,又可分为卧轴矩台平面磨床、卧轴圆台平面磨床、立轴矩台平面磨床、立轴圆台平面磨床等几种类型。目前,卧轴矩台平面磨床和立轴圆台平面磨床应用最广。

　　图 4-13 所示为 M7120A 型平面磨床,是一种常用的卧轴矩台平面磨床。它由床身 9、立柱 5、工作台 7、磨头 1 和砂轮修整器 4 等主要部件组成。

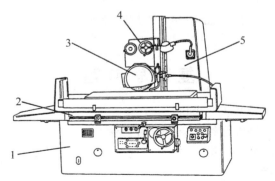

1-磨头　2-床鞍　3-横向手轮　4-修整器　5-立柱
6-撞块　7-工作台　8-升降手轮　9-床身　10-纵向手轮

图 4-13　M7120A 型平面磨床(卧轴矩台平面磨床)

矩形工作台安装在床身的水平纵向导轨上,由液压传动系统实现纵向直线往复运动,利用撞块6自动控制换向。此外,工作台也可用纵向手轮10通过机械传动系统手动操纵往复移动或调整。工作台上装有电磁吸盘,用于固定、装夹工件或夹具。

装有砂轮主轴的磨头可沿床鞍2上的燕尾导轨移动,磨削时的横向步进进给和调整时的横向连续移动,由液压传动系统实现,也可用横向手轮3手动操纵。

磨头的高低位置调整或垂直进给运动,由升降手轮8操纵,通过床鞍沿立柱的垂直导轨移动来实现。

图4-14所示是立轴圆台平面磨床的外形图。砂轮架3的砂轮主轴由内连式异步电动机驱动。砂轮架3可沿立柱4的导轨做垂直间歇切入进给,还可做垂直快速调位运动,以适应磨削不同高度工件的需要。圆形工作台2装在床鞍上,它除了做旋转运动实现圆周进给外,还可以随同床鞍一起,沿床身导轨纵向快速退离或趋近砂轮,以便装卸工件。这类机床生产效率较高,适用于成批生产。

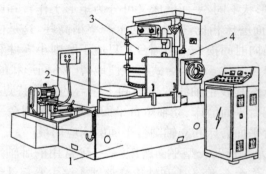

1-床身 2-工作台 3-砂轮架 4-立柱

图4-14 立轴圆台平面磨床

复习思考题

1. 简述磨床的种类及其工艺范围。

2. 万能外圆磨床上磨削圆锥面有哪几种方法?

3. 采用定程磨削法磨削一批零件后,发现工件直径大了 0.02 mm,应如何补偿调整? 说明调整步骤。

4. 在万能外圆磨床上,用顶尖支承工件磨削外圆和用卡盘夹持工件磨削外圆,哪一种情况的加工精度高? 为什么?

5. 试说明 M1432A 型磨床砂轮主轴轴承的工作原理及其调整方法。

6. 试说明 M1432A 型外圆磨床工作台台面做成倾斜的理由。

7. 以万能外圆磨床为例,说明为保证加工质量(尺寸精度、形状精度和表面粗糙度),机床在传动和结构方面采取了哪些措施。

8. 内圆磨床的加工方法有哪几种? 可进行哪几种表面的加工?

9. 试分析卧轴矩台平面磨床和立轴圆台平面磨床在磨削方法、加工质量、生产率等方面有何不同。

10. 试分析平面磨床用砂轮轮缘进行磨削与用砂轮端面进行磨削各自的优缺点。

第 5 章

齿轮加工机床

5.1 概　　述

5.1.1 齿轮加工机床的加工原理

齿轮加工机床的种类繁多,构造各异,加工方法也各不相同,但其加工原理不外乎成形法和展成法两大类。

5.1.1.1 成形法加工齿轮

成形法加工齿轮采用成形刀具,其刀刃形状与被切齿轮槽的截面形状相同。例如在铣床上用盘形齿轮铣刀铣削齿轮或用指形齿轮铣刀铣削齿轮,如图 5-1 所示。在刨床或插床上也可用成形刀具刨削加工齿轮。

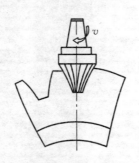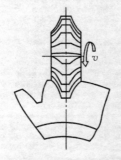

(a) 用盘形铣刀加工齿轮　　　(b) 用指形铣刀加工齿轮

图 5-1　成形法加工齿轮

在使用成形刀具加工齿轮时,每次只加工一个齿槽,然后用分度装置分度,依次加工下一个齿槽,直至全部轮齿加工完毕。这种加工方法的优点是机床较简单,利用通用机床就可以加工;缺点是加工齿轮的精度低。因为同一模数的齿轮盘铣刀,一般一套只有 8 把,每把铣刀有规定的铣齿范围。铣刀的齿形曲线是按该范围内最小齿数的齿形制造的,对其他齿数的齿轮,均存在着不同程度的齿形误差。另外,加工时分度装置的分度误差,还会引起分齿不均匀,所以其加工精度不高。此外,这种方法生产率较低,只适用于单件小批量生产。

在大批大量生产中,也可采用多齿廓成形刀具来加工齿轮,如用齿轮拉刀、齿轮推刀或多齿刀盘等刀具同时加工出齿轮的各个齿槽。

5.1.1.2　展成法加工齿轮

展成法加工齿轮是利用齿轮的啮合原理进行的,即把齿轮啮合副中的一个齿轮制作为刀具,另一个则作为工件,并强制刀具和工件做严格的啮合对滚运动而展成切出齿廓。

在滚齿机上滚齿加工的过程,相当于一对螺旋齿轮互相啮合运动的过程,如图 5-2(a)所示,只是其中一个螺旋齿轮的齿数极少,且分度圆上的螺旋升角也很小,所以它便成为蜗杆形状,如图 5-2(b)所示。再将蜗杆开槽并铲背、淬火、刃磨,便成为齿轮滚刀,如图 5-2(c)所示。一般蜗杆螺纹的法向截面形状近似齿条形状,如图 5-3(a)所示,因此,当齿轮滚刀按给定的切削速度转动时,它在空间便形成一个以等速 v 移动着的假想齿条。当这个假想齿条与被切齿轮按一定速比做啮合运动时,便在齿坯上逐渐切出开线的齿形。齿形的形状是由滚刀在连续旋转中依次对齿坯切削的若干条刀刃线包络而成,如图 5-3(b)所示。

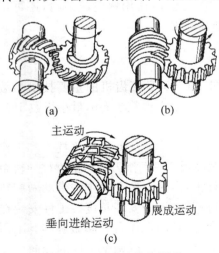

图 5-2　展成法滚齿原理

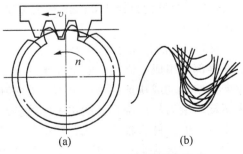

图 5-3　渐开线齿形的形成

用展成法加工齿轮,可以用同一把刀具加工同一模数不同齿数的齿轮,且加工精度和生产率也较高,因此,各种齿轮加工机床广泛应用这种加工方法,如滚齿机、插齿机、剃齿机等。此外,多数磨齿机及锥齿轮加工机床也是按展成法原理加工的。

5.1.2　齿轮加工机床的类型

按照被加工齿轮种类的不同,齿轮加工机床可分为圆柱齿轮加工机床和圆锥齿轮加工机床两大类。

（1）圆柱齿轮加工机床　圆柱齿轮加工机床主要有滚齿机、插齿机、剃齿机、珩齿机和磨齿机。此外,还有花键轴铣床、车齿机等。滚齿机主要用于加工直齿、斜齿圆柱齿轮和蜗轮;插齿机主要用于加工单联及多联内、外直齿圆柱齿轮;剃齿机主要用于淬火前的直齿和斜齿圆柱齿轮的齿廓精加工;珩齿机主要用于对热处理后的直齿和斜齿圆柱齿轮的齿廓精加工。珩齿对齿形精度改善不大,主要是减小齿面的表面粗糙度值;磨齿机主要用于淬火后的圆柱齿轮的齿廓精加工。

（2）圆锥齿轮加工机床　圆锥齿轮加工机床可分为直齿锥齿轮加工机床和弧齿齿轮加工机床两类。用于加工直齿锥齿轮的机床有锥齿轮刨齿机、铣齿机、磨齿机等;用于加工弧齿锥齿轮的机床有弧齿锥齿轮铣齿机、磨齿机等。

5.2　滚　齿　机

滚齿机主要用于加工直齿和斜齿圆柱齿轮。此外,使用蜗轮滚刀时,还可用手动径向进给滚切蜗轮,也可用于加工花键轴及链轮。

5.2.1　Y3150E 滚齿机的组成

图 5-4 所示为 Y3150E 滚齿机的外形图。Y3150E 滚齿机的主要技术参数为:加工齿轮最大直径 500 mm,最大宽度 250 mm,最大模数 8 mm,最小齿数 $5k$(k 为滚刀头数)。

Y3150E 滚齿机主要有床身 1、立柱 2、刀架溜板 3、滚刀架 5、后立柱 8 和工作台 9 等部件组成。立柱 2 固定在床身上。刀架溜板 3 带动滚刀架可沿立柱导轨做垂向进给运动或快速移动。滚刀 4 安装在刀杆上,由滚刀架 5 的主轴带动做旋转主运动。滚刀架可绕自己的水平轴线转动,可调整滚刀的安装角度。工件安装在工作台 9 的工件心轴 7 上或直接安装在工作台上,随同工作台一起做旋转。工作台和后立柱装在同一溜板上,可沿床身的水平导轨移动,以调整工件的径向位置

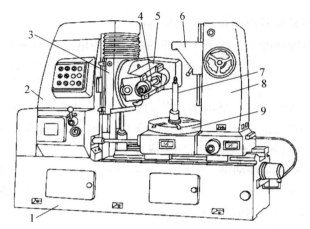

1-床身　2-立柱　3-刀架溜板　4-滚刀　5-滚刀架
6-支架　7-工件心轴　8-后立柱　9-工作台

图 5 - 4　Y3150E 滚齿机的外形

或做手动径向进给运动。后立柱上的支架 6 可通过轴套或顶尖支承工件心轴的
上端,以提高滚切工作的平稳性。

5.2.2　加工直齿圆柱齿轮的调整计算

5.2.2.1　加工直齿圆柱齿轮的工作运动

根据展成法滚齿原理可知,用滚刀加工齿轮时,除具有切削工作运动外,还必
须严格保持滚刀与工件之间的运动关系,这是切制出正确齿廓形状的必要条件。
因此,滚齿机在加工直齿圆柱齿轮时的工作运动如下:

(1)主运动　即滚刀的旋转运动。根据合理的切削速度和滚刀直径,即可确
定滚刀的转速;

(2)展成运动　即滚刀与工件之间的啮合运动,
两者应准确保持一对啮合齿轮的传动比关系,设滚刀
头数为 k,工件齿数为 z,则每当滚刀转 1 转时,工件应
转 k/z 转;

(3)垂向进给运动　即滚刀沿工件轴线方向作连
续的进给运动,以切出整个齿宽上的齿形。

5.2.2.2　实现工作运动的传动链

为了实现上述 3 个运动,机床就必须有相应的 3 条
传动链,而在每一传动链中,又必须有可调环节(即变速
机构),以保证传动链两端件间的运动关系。图 5 - 5 所

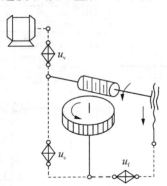

**图 5 - 5　加工直齿圆柱齿
轮时滚齿机传动
原理**

示为加工直齿圆柱齿轮时滚齿机传动原理图。

（1）主运动传动链　主运动传动链的两端件为电动机和滚刀架。传动链为：电动机→u_v→滚刀。显然，这是一条外联系传动链。滚刀的转速可通过改变 u_v 的传动比调整。

（2）展成运动传动链　展成运动传动链的两端件为滚刀及工作台。传动链为：滚刀→u_c→工作台。显然，这是一条内联系传动链。通过调整 u_c 的传动比，保证滚刀转 1 转，工件转 k/z 转，以实现展成运动。

（3）垂向进给运动传动链　垂向进给运动传动链的两端件为工件和滚刀。传动链为：工作台→u_f→刀架。调整 u_f 的传动比，使工件转 1 转时，滚刀在垂向进给丝杠带动下，沿工件轴向移动所要求的进给量。

5.2.2.3　传动链的调整计算

图 5 - 6 所示为 Y3150E 滚齿机的传动系统图。根据上面机床在加工直齿圆柱齿轮时的运动和传动原理图，即可从该传动系统图中找出各个运动的传动链并进行运动的调整计算。

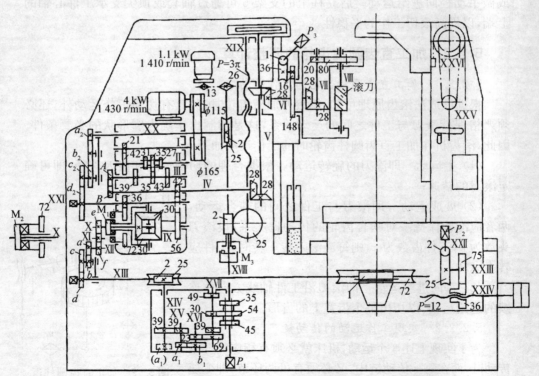

图 5 - 6　Y3150E 滚齿机的传动系统图

（1）主运动传动链的调整计算　主运动传动链的结构式为

$$\text{电动机}(1\,430\ \text{r/min})-\frac{\phi115}{\phi165}-\text{I}-\frac{21}{42}-\text{II}-\begin{bmatrix}\dfrac{31}{39}\\[4pt]\dfrac{35}{35}\\[4pt]\dfrac{27}{43}\end{bmatrix}-\text{III}-\frac{A}{B}-\text{IV}-\frac{28}{28}-$$

$$\text{V}-\frac{28}{28}-\text{VI}-\frac{28}{28}-\text{VII}-\frac{20}{80}-\text{VIII}-\text{滚刀}。$$

主传动传动链的运动平衡式为

$$n_刀=1\,430\times\frac{115}{165}\times\frac{21}{42}\times u_{\text{II-III}}\times\frac{A}{B}\times\frac{28}{28}\times\frac{28}{28}\times\frac{28}{28}\times\frac{20}{80}°。$$

由上式可得主运动边速挂轮的计算公式

$$\frac{A}{B}=\frac{n_刀}{124.583u_{\text{II}\sim\text{III}}},$$

式中，$n_刀$ 为滚刀主轴转速，按合理切削速度及滚刀外径计算；$u_{\text{II-III}}$ 为轴 II ～ III 之间三联滑移齿轮变速组的 3 种传动比。

机床上备有 A、B 挂轮，其传动比 $\dfrac{A}{B}$ 分别有 $\dfrac{22}{44}$、$\dfrac{33}{33}$ 和 $\dfrac{44}{22}$ 等 3 种。因此，滚刀共有 $3\times3=9$ 级转速。

（2）展成运动链的调整计算　展成运动链的两端件及其运动关系是，当滚刀转 1 转时，工件时对于滚刀转 k/z 转。其传动路线表达式为

$$\text{IV}-\frac{28}{28}-\text{V}-\frac{28}{28}-\text{VI}-\frac{28}{28}-\text{VII}-\frac{20}{80}-\text{VIII（滚刀）}$$
$$|$$
$$\frac{42}{56}-\text{IX}-\text{合成机构}-\text{X}-\frac{e}{f}-\text{XII}-\frac{a}{b}\frac{c}{d}-\text{XIII}-\frac{1}{72}-\text{工作台}$$

传动链的运动平衡式为

$$1\times\frac{80}{20}\times\frac{28}{28}\times\frac{28}{28}\times\frac{28}{28}\times\frac{42}{56}\times u_合\times\frac{e}{f}\frac{a}{b}\frac{c}{d}\times\frac{1}{72}=\frac{k}{z}。$$

滚切直齿圆柱齿轮时，运动合成机构用离合器 M_1 连接，此时运动合成机构的传动比 $u_合=1$，化简上式可得展成运动挂轮的计算公式：

$$\frac{a}{b}\frac{c}{d}=\frac{f}{e}\frac{24k}{z}。$$

上式中的 f/e 挂轮,应根据 z/k 值而定。当 $5 \leqslant z/k \leqslant 20$ 时,取 $e=48$,$f=24$;当 $21 \leqslant z/k \leqslant 142$ 时,取 $e=36$,$f=36$;当 $143 \leqslant z/k$ 时,取 $e=24$,$f=48$;这样选择后,可使 $\dfrac{a}{b}\dfrac{c}{d}$ 的数值适中,以便于挂轮的选取和安装。

（3）垂向进给运动传动链的调整计算 垂向进给运动传动链的两端件及其运动关系是,当工件转一转时,由滚刀架带动滚刀沿工件轴线进给 f(mm)。其结构式为

$$XIII - \frac{1}{72} - 工作台$$

$$\frac{2}{25} - XIV - \frac{39}{39} - XV - \frac{a_1}{b_1} - XVI - \frac{23}{69} - XVII - \begin{bmatrix} \dfrac{49}{35} \\ \dfrac{30}{54} \\ \dfrac{39}{45} \end{bmatrix} - XVIII - M_3 - \frac{2}{25} - $$

XIX（垂直进给丝杠）。

传动链的运动平衡式为

$$1 \times \frac{72}{1} \times \frac{2}{25} \times \frac{39}{39} \times \frac{a_1}{b_1} \times \frac{23}{69} \times u_{XVII \sim XVIII} \times \frac{2}{25} \times 3\pi = f。$$

化简上式可得垂向进给运动挂轮的计算公式:

$$\frac{a_1}{b_1} = \frac{f}{0.46\pi u_{XVII \sim XVIII}}$$

式中,f 为垂向进给量(mm/r),根据工件材料、加工精度及表面粗糙度等条件选定。$u_{XVII \sim XVIII}$ 为进给箱中轴 $XVII \sim XVIII$ 之间的滑移齿轮变速组的 3 种传动比。

当垂向进给量确定后,可从表 5-1 中查出进给挂轮。

表 5-1 垂向进给量及挂轮齿数

a_1/b_1 $u_{XVII \sim XVIII}$	26/52			32/46			46/32			52/26		
	$\frac{30}{54}$	$\frac{39}{45}$	$\frac{49}{35}$	$\frac{30}{54}$	$\frac{39}{45}$	$\frac{49}{35}$	$\frac{30}{54}$	$\frac{39}{45}$	$\frac{49}{35}$	$\frac{30}{54}$	$\frac{39}{45}$	$\frac{49}{35}$
f/(mm/r)	0.4	0.63	1	0.56	0.87	1.41	1.16	1.8	2.9	1.6	2.5	4

5.2.3 加工斜齿圆柱齿轮的调整计算

5.2.3.1 加工斜齿圆柱齿轮的工作运动

与加工直齿圆柱齿轮一样,加工斜齿圆柱齿轮时同样需要主运动、展成运动和垂向进给运动。此外,为了形成螺旋形的轮齿,还必须给工件一个附加运动。即刀具沿工件轴线方向进给一个螺旋线导程时,工件应均匀地转 1 转。所以,在加工斜齿圆柱齿轮时,机床必须具有 4 条相应的传动链来实现上述 4 个工作运动。图 5-7 所示为加工斜齿圆柱齿轮的传动原理图,图中 u_t 为附加运动链的变速机构。

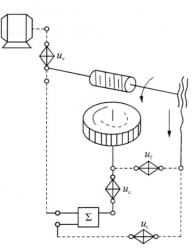

图 5-7 加工斜齿圆柱齿轮的传动原理图

在加工斜齿圆柱齿轮时,展成运动和附加运动这两条传动链需要将两种不同要求的旋转运动同时传给工作台。所以,在滚齿机上设有进给运动合成机构 Σ。

图 5-8 所示为滚齿机运动合成机构的工作原理图,该机构通常是圆柱齿轮或锥齿轮行星机构。加工斜齿圆柱齿轮时,如图 5-8(a) 所示,在轴 X 上先装上套筒 G(用键与轴连接),再将离合器 M_2 空套在套筒 G 上。离合器 M_2 的端面齿与空套齿轮 z_f 的端面齿以及行星架 H 后部套筒上的端面齿同时啮合,将它们连接在一起,因而来自刀架的附加运动可通过 z_f 传递给行星架 H。

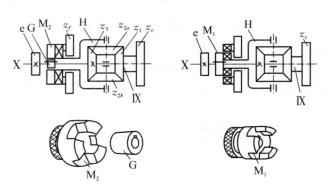

(a) 加工斜齿圆柱齿轮   (b) 加工直齿圆柱齿轮

H-转臂   G-套筒   M1、M2-离合器   e-挂轮

图 5-8 滚齿机运动合成机构工作原理

设 n_X、n_{IX}、n_H、分别为轴 X、IX 及行星架 H 的转速,根据行星齿轮机构传动原理,可以列出运动合成机构的传动比计算式:

$$\frac{n_X - n_H}{n_{IX} - n_H} = (-1)\frac{z_1 z_{2a}}{z_{2a} z_3}$$

式中的-1由锥齿轮传动的旋转方向确定。将锥齿轮齿数 $z_1 = z_{2a} = z_{2b} = z_3 = 30$ 代入上式,则得

$$\frac{n_X - n_H}{n_{IX} - n_H} = -1。$$

上式移项,可得运动合成机构中从动件的转 n_x 与两个主动件的转速 n_{IX} 及 n_H 的关系式:

$$n_X = 2n_H - n_{IX}。$$

在展成运动传动链中,来自滚刀的运动由齿轮 z_c 经合成机构传至轴 X。可设 $n_H = 0$,则轴 IX 与 X 之间的传动比为

$$u_{合1} = \frac{n_X}{n_{IX}} = -1。$$

在附加运动传动链中,来自刀架的运动由齿轮 z_f 传给行星架,再经合成机构传至轴 X;可设 $n_H = 0$,则行星架 H 与轴 X 之间的传动比为

$$u_{合2} = \frac{n_X}{n_H} = 2。$$

综上所述,加工斜齿圆柱齿轮时,展成运动和附加运动同时通过合成机构传动,并分别按传动比 $u_{合1} = -1$ 及 $u_{合2} = 2$ 经轴 X 和齿轮 e 传给工作台。加工直齿圆柱齿轮时,工件不需要附加运动。这时需卸下离合器 M_2 及套筒 G,而将离合器 M_1 装在轴 X 上,如图 5-8(b)所示。M_1 通过键与轴 X 连接,其端面齿爪只与行星架 H 的端面齿爪连接,所以此时 $n_H = n_X$,$n_X = 2n_X - n_{IX}$,$n_X = n_{IX}$。展成运动传动链中轴 X 与轴 IX 之间的传动比为

$$u'_合 = \frac{n_X}{n_{IX}} = 1。$$

由于在上述调整状态下,转臂 H、轴 X 与轴 IX 之间都做相对运动,此时合成机构相当于一个联轴器,因此,在加工直齿圆柱齿轮时,展成运动传动链通过合成机构的传动比应为 $u'_合 = 1$。

5.2.3.2　加工斜齿圆柱齿轮传动链的调整计算

（1）机床主运动传动链的调整计算　机床主运动传动链的调整计算与加工直齿圆柱齿轮时相同。

（2）展成运动传动链的调整计算　虽然展成运动的传动路线以及运动平衡式都与加工直齿圆柱齿轮时相同，但由于运动合成机构采用 M_2 离合器连接，其传动比应为 $u_{合1}=-1$，代入运动平衡后得挂轮计算公式为

$$\frac{a}{b}\frac{c}{d}=-\frac{f}{e}\frac{24k}{z}。$$

式中负号说明展成运动链中轴 X 与 IX 的转向相反。而在加工直齿圆柱齿轮时，两轴的转向相同（挂轮计算公式中符号为正）。因此，在调整展成运动挂轮时，必须按机床说明表规定配加中间轮。

（3）附加运动传动链的调整计算　加工斜齿圆柱齿轮时，附加运动传动链的两端件及其运动关系是，当滚刀架带动滚刀垂向移动工件的一个螺旋线导程 L 时，工件应附加转动 ±1 转。其传动路线表达式为

$$\text{XⅧ}-M_3-\frac{2}{25}-\text{XIX}（刀架垂向进给丝杠）$$
$$\left\lfloor\ \frac{2}{25}-\text{XX}-\frac{a_2}{b_2}\frac{c_2}{d_2}-\text{XXI}-\frac{36}{72}-M_2-合成机构-\text{X}-\frac{e}{f}-\text{XⅢ}-\frac{1}{72}-工作台\right.$$

传动链的运动平衡式为

$$\frac{L}{3\pi}\times\frac{25}{2}\times\frac{2}{25}\times\frac{a_2}{b_2}\frac{c_2}{d_2}\times\frac{36}{72}\times u_{合2}\times\frac{e}{f}\frac{a}{b}\frac{c}{d}\times\frac{1}{72}=\pm1。$$

式中，L 为被加工齿轮螺旋线的导程，$L=\dfrac{\pi m_n z}{\sin\beta}$；$\dfrac{a}{b}\dfrac{c}{d}$ 为展成运动挂轮传动比，

$\dfrac{a}{b}\dfrac{c}{d}=-\dfrac{f}{e}\dfrac{24k}{z}$；$u_{合2}$ 为运动合成机构在附加运动传动链中的传动比，$u_{合2}=2$。

代入上式，可得附加运动挂轮的计算公式

$$\frac{a_2}{b_2}\frac{c_2}{d_2}=\pm9\frac{\sin\beta}{m_n k}。$$

式中，β 为被加工齿轮的螺旋角；m_n 为被加工齿轮的法向模数；k 为滚刀头数。

式中，的"$\pm$"号表示工件附加运动的旋转方向，它决定于工件的螺旋方向和刀架进给运动的方向。在计算挂轮齿数时，"$\pm$"号可不予考虑，但在安装附加运动挂轮时，应按机床说明书规定配加中间轮。

附加运动传动链是形成螺旋线齿线的内联系传动链，其传动比数值的精确

度,影响工件齿轮的齿向精度,所以挂轮传动比应配算准确。但是,附加运动挂轮计算公式中包含无理数 $\sin\beta$,这就给配算挂轮 $\dfrac{a_2}{b_2}\dfrac{c_2}{d_2}$ 带来困难。因为挂轮有限,且与展成运动传动链共用一套挂轮。为保证展成挂轮传动比绝对准确,一般先选定展成挂轮,剩下的挂轮供附加运动传动链选择。所以该挂轮往往无法配算得非常准确,只能近似配算,但误差不能太大。选配的附加运动挂轮的传动比与按换置公式计算所得的传动比之间的误差,对于 8 级精度的斜齿轮,要精确到小数点后第五位数字(即小数点后第五位数字才允许有误差),对于 7 级精度的斜齿轮,要精确到小数点后第五位数字,才能保证不超过精度标准中规定的齿向允差。

在 Y3150E 型滚齿机上,展成运动、垂向进给运动和附加运动 3 条传动链的调整,共用一套模数为 2 mm 的配换挂轮,其齿数为 20(两个)、23、24、25、26、30、32、33、34、35、37、40、41、43、45、46、47、48、50、52、53、55、57、58、59、60(两个)、61、62、65、67、70、71、73、75、79、80、83、85、89、90、92、95、97、98、100,共 47 个。

(4)垂向进给传动链的调整计算 垂向进给传动链及其调整计算和加工直齿圆柱齿轮相同。

5.2.4 滚刀刀架结构

图 5-9 所示为 Y3150E 型滚齿机滚刀刀架的结构。主轴 17 前端用内锥外圆的滑动轴承支承,以承受径向力,并用两个推力球轴承 15 承受轴向力。主轴后端通过铜套 12 及花键套筒 13 支承在两个圆锥滚子轴承 10 上。当主轴前端的滑动轴承磨损引起主轴径向跳动超过允许值时,可拆下调整垫片 14 及 16,磨去相同的厚度,调配至符合要求时为止。如仅需调整主轴的轴向窜动,则只要将调整垫片 14 适当磨薄即可。

安装滚刀的刀杆 18 用锥柄安装在主轴前端的锥孔内,并用拉杆 11 将其拉紧。刀杆左端支承在支架 21 的滑动轴承上,支架 21 可在刀架体上沿主轴轴线方向调整位置,并用压板固定在所需位置上。

刀架体 25 用装在环形 T 型槽内的 6 个螺钉 5 固定在刀架溜板(图中未示出)上。调整滚刀安装角时,应先松开螺钉 5,然后用扳手转动刀架溜板上的方头,经蜗杆副 1/36 及轮 $z16$,带动固定在刀架体上的齿轮 $z148$,使刀架体回转至所需的滚倒安装角。调整完毕后,应重新扳紧螺钉 5 上的螺母。

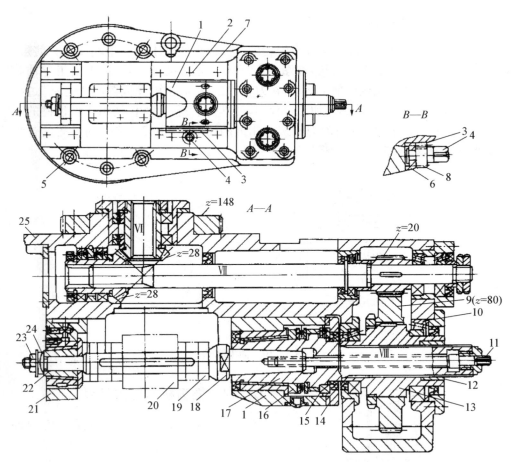

1-主轴套筒　2-螺钉　3-齿条　4-方头轴　5-螺钉　6-压板　7-压板　8-小齿轮　9-大齿轮
10-圆锥滚子轴承　11-拉杆　12-铜套　13-花键套筒　14、16-调整垫片　15-推力球轴承　17-主轴
18-刀杆　19-刀垫　20-滚刀　21-支架　22-外锥套　23-螺母　24-球面垫圈　25-刀架体

图 5-9　Y3150E 型滚齿机滚刀刀架

5.3　插 齿 机

　　插齿机主要用于加工直齿圆柱齿轮,尤其适用于加工在滚齿机上不能滚切的
内齿轮和多联齿轮。

5.3.1 插齿机工作原理

插齿机是按展成法原理来加工齿轮的。插齿刀实质上是一个端面磨有前角、齿顶及齿侧均磨有后角的齿轮,如图 5-10(a)所示。插齿时,插齿刀沿工件轴向作直线往复运动以完成切削主运动,在刀具和工件齿坯作"无间隙啮合运动"过程中,在齿坯上渐渐切出齿廓。加工过程中,刀具每往复一次,仅切出工件齿槽的一小部分,齿廓曲线是在插齿刀刀刃多次相继的切削中,由刀刃各瞬时位置的包络线所形成的,如图 5-10(b)所示。

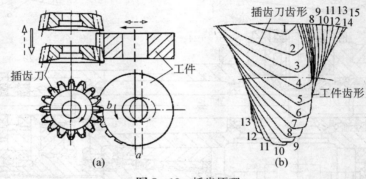

图 5-10 插齿原理

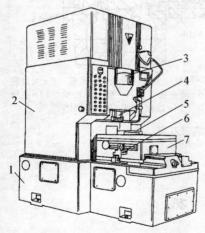

1-床身 2-立柱 3-刀架 4-插齿刀主轴 5-工作台 6-挡块支架 7-工作台溜板

图 5-11 Y5132 型插齿机外形图

5.3.2 插齿机所需的运动

图 5-11 所示为 Y5132 型插齿机的外形图。

(1)主运动 插齿机的主运动是插齿刀沿其轴线(即沿工件的轴向)所做的直线往复运动。在一般立式插齿机上,刀具垂直向下时为工作行程,向上为空行程。主运动以插齿刀每分钟的往复行程次数表示,即双行程/min。若切削速度 v(m/min)及行程长度 L(mm)已确定,则可按下式计算出插齿刀每分钟往复行程数;

$$n_{刀} = \frac{1\,000v}{2L}。$$

(2)展成运动 加工过程中,插齿刀和

工件必须保持一对圆柱齿轮的啮合运动关系,即在插齿刀转过一个齿时,工件也转过一个齿。插齿刀与工件的旋转运动组成了形成渐开线齿廓的复合运动即为展成运动。

(3) 圆周进给运动 插齿刀转动的快慢决定了工件齿坯转动的快慢,同时也决定了插齿刀每一次切削的切削负荷,加工精度和生产率。圆周进给运动的大小,即圆周进给量,用插齿刀每往复行程一次,刀具在分度圆圆周上所转过的弧长来表示,单位为 mm/往复行程。

(4) 让刀运动 空行程时,为了避免擦伤工件齿面和减少刀具磨损,刀具和工件之间应该让开,使其产生一定的间隙(0.5 mm 左右),而在插齿刀向下开始工作行程之前,又迅速恢复到原位,以便刀具下一次切削,这种让开和恢复原位的运动称为让刀运动。插齿机的让刀运动可以由安装工件的工作台移动来实现,也可由刀具主轴摆动得到。由于刀具主轴的惯量较小,所以新型号的插齿机普通采用刀具主轴摆动来实现让刀运动。

(5) 径向切入运动 开始插齿时,如果插齿刀立即径向入工件至全齿深,将会因切削负荷过大而损坏刀具和工件。为了避免这种情况,工件应逐渐地向插齿刀作径向切入,直至全齿深时刀具再与工件对滚,直至工件一转,全部轮齿即切削完毕,这种方法称为一次切入。除此以外,也采用二次或三次切入的。用二次切入时,第一次切入量为全齿深的 90%,在第一次切入结束时工件与插齿刀对滚,直至工件一转,完成粗切,再进行第二次切入,到全齿深时,工件与插齿刀再对滚至工件一转,完成精切。三次切入和二次切入类似,只是第一次切入量为全齿深的 70%,第二次为 27%,第三次为 3%。插齿机上的径向切入运动,可由刀具移动,也可由工件移动实现。Y5132 型插齿机是由工作台带动工件向插齿刀移动实现。加工时,工作台首先以快速移动一个大的距离使工件接近刀具,然后才开始径向切入。当工件全部加工结束后,工作台又快速退回原位。工作台的上述运动,分别由液压系统操纵大距离进退液压缸和径向切入液压缸来实现。

5.3.3 插齿机的刀具主轴和让刀机构

图 5 - 12 所示为机床刀具主轴和让刀机构示意图。根据机床运动分析,插齿刀的主运动为往复直线运动,而在圆周进给运动中则为旋转运动。因此,机床的刀具主轴结构必须满足既能旋转,又能上下往复运动的要求。

属于主运动传动链的轴Ⅱ,其端部是曲柄机构 1。当轴Ⅱ旋转时,连杆 2 通过头部为球体的拉杆 13 与接杆 3,使插齿刀轴 9 在导向套 8 内上下往复运动。往复行程的大小通过改变曲柄连机构的偏心距来调整;行程的起始位置则是通过转动

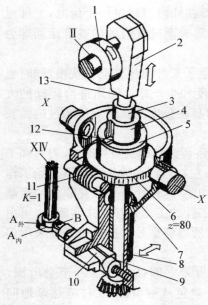

1—曲柄机构 2—连杆 3—接杆 4—套筒 5—蜗轮体 6—蜗轮 8—导向套 9—插齿刀轴 10—让刀楔子 11—蜗杆 12—长滑键 13—球头拉杆

图5-12 刀具主轴和让刀机构

球头拉杆13,改变它在连杆2中的轴向长度来调整的。

插齿刀轴9的旋转运动由蜗杆11传入,带动蜗轮6转动而得到。在蜗轮体5的内孔上,用螺钉对称固定安装两个长滑键12。插齿刀轴9装在与球头拉杆13相连的接杆3上,并且在插齿刀轴9的上端装有带键槽的套筒4。当插齿刀轴9做上下往复的主运动时,还可由蜗轮6经滑键12和套筒4,带动插齿刀轴9同时做旋转运动。

Y5132型插齿机的让刀运动是由刀具主轴的摆动实现的。当插齿刀处在上行程时,让刀凸轮A以它的工作曲线推动让刀滚子B,使让刀楔子10(楔角7°)移动,从而使刀架体7连同插齿刀轴9绕刀架体的回转轴线$X \sim X$摆动,实现让刀运动。让刀凸轮共有两个,$A_{外}$用于插削外齿轮,$A_{内}$用于插削内齿轮。由于插削内外齿轮时的让刀方向相反,所以两个凸轮的工作曲线相差180°。

复习思考题

1. Y3150E型滚齿机刀架进给丝杠为什么要采用模数制螺纹?

2. 齿机在滚切直齿圆柱齿轮和斜齿圆柱齿轮时,各需要调整哪几条传动链? 其中哪些传动链是内联系传动链? 哪些是外联系传动链? 为什么?

3. Y3150E型滚齿机上加工:(1) $z = 52$、$M = 2$ mm 的直齿齿轮;(2)$z = 46$、$M_n = 2$ mm、$\beta = 18°4'$ 的右旋斜齿齿轮。试分别配换各组挂轮,并说明加工前对机床应做好哪些调整准备工作。已知有关数据如下:切削用量 $v = 25$ m/min, $f = 0.87$ mm/r;滚刀参数:直径 $\phi70$ mm, $\lambda = 3°6'$, $M_n = 2$ mm, $k = 1$, 右旋。

4. 在改变下列某一条件的情况下(其他条件不变),滚齿机上哪些传动链的换向机构应变向。

(1) 由滚切右旋齿轮改变为滚切左旋齿轮。

(2) 由逆滚齿改变为顺滚齿。

(3) 由使用右旋滚刀改变为使用左旋滚刀。

第 6 章

其他加工机床

6.1　钻　　床

　　钻床是一种加工内孔的机床,它一般用于加工直径不大且精度要求不高的孔,主要方法是用钻头在实心材料上钻孔,还可在原有孔的基础上扩孔、铰孔、攻螺纹等。在钻床上加工时,工件固定不动,刀具在做主运动旋转的同时做轴向进给运动。钻床的各种加工方法及其所需运动如图 6-1 所示。

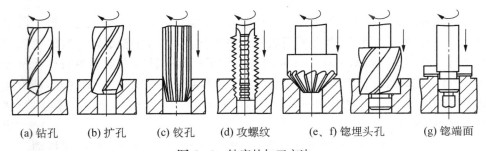

| (a) 钻孔 | (b) 扩孔 | (c) 铰孔 | (d) 攻螺纹 | (e、f) 锪埋头孔 | (g) 锪端面 |

图 6-1　钻床的加工方法

6.1.1　立式钻床

　　立式钻床的主轴是垂直布置,而且其位置是固定的。加工时,为使刀具旋转中心线与被加工孔的中心线重合,必须移动工件,因此它只适合在中、小型工件上加工孔。进给箱可沿立柱导轨上下调整位置,工作台也可上下调整到适当位置。图 6-2(a)所示是立式钻床的外形图。它的主要组成有底座 6、主轴变速箱 3、立柱 4、工作台 1、主轴 2、进给手柄 5 等。

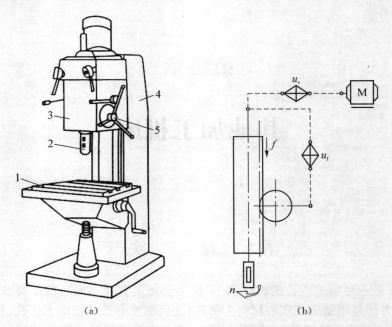

(a)　　　　　　　　　(b)

1-工作台　2-主轴　3-主轴变速箱　4-立柱　5-进给手柄

图 6-2　立式钻床外形及传动原理图

立式钻床的传动原理如图 6-2(b)所示。主运动一般采用单速电动机经齿轮分级变速传动机构传动,也有采用机械无级变速传动的;主轴旋转方向的变换主要靠电动机的正反转来实现。钻床的进给量用每转一转时主轴的轴向移动量表示。另外,攻螺纹时进给运动和主运动之间也需要保持一定的关系,因此,进给运动由主轴传出,与主运动共用一个动力源。进给运动传动链中的换置机构 u_f 通常为滑移齿轮机构。

由于立式钻床主轴轴线垂直布置,且其位置是固定的,加工时必须移动工件才能使刀具轴线与被加工孔的中心线重合,因而操作不便,生产率不高。常用于单件、小批生产加工中、小型工件,且被加工孔数不宜过多。

立式钻床还有一些变形品种。排式多轴立式钻床,如图 6-3(a)所示,相当于几台单轴立式钻床的组合,它有多个主轴,用于顺次地加工同一工件的不同孔径或分别进行各种孔工序(钻、扩、铰和攻螺纹等)。它和单轴立式钻床相比,可节省更换刀具的时间,但加工时仍是逐个孔加工。因此,这种机床主要适用于中、小批生产加工中、小型工件。如图 6-3(b)所示,可调式多轴立式钻床的机床布局与立

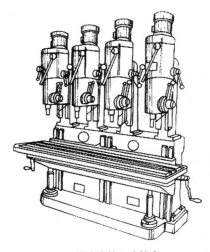
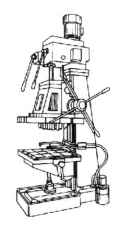

（a）排式多轴立式钻床　　　　　（b）可调式多轴立式钻床

图6-3　立式钻床的变形品种

式钻床相似,其主要特点是主轴箱上装有若干个主轴,且可根据加工需要调整主轴位置。加工时,由主轴箱带动全部主轴转动,进给运动则由进给箱带动。这种机床是多孔同时加工,生产效率较高,适用于成批生产。

6.1.2　台式钻床

台式钻床结构简单,操作方便,用于小型零件钻孔,扩φ12 mm以下的孔。

图6-4所示为Z4012型台钻外形图。台钻主要由底座8、圆立柱6、工作台10和头架3（包括电动机2、皮带轮1、主轴进给手柄12等）等组成。电动机通过5级变速带轮,使主轴11具有5种转速。头架3可沿圆立柱6上下和左右转动,以调整位置。工作台10可在垂直平面内左右倾斜45°,工件较小时,可放在工作台上钻孔,当工件较大时,可将工作台转开,直接把工件放在底座8上钻孔。

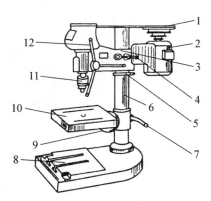

1-皮带轮　2-电动机　3-头架
4-手柄　5-保险环　6-圆立柱
7-锁紧手柄　8-底座　9-锁紧螺钉
10-工作台　11-主轴　12-主轴进给
手柄

图6-4　Z4012型台钻结构外形图

6.1.3　摇臂钻床

摇臂钻床通常用来加工大型和重型或多孔

工件,可以钻孔、扩孔、铰孔,锪平面及攻螺纹等。装配其他工艺装备时,还可以镗孔。工作时,工件位置固定后,调整机床主轴位置,使刀具轴线与工件被加工孔轴线重合,然后钻孔。

图6-5(a)所示是摇臂钻床的外形图。底座1或工作台8为固定工件用;摇臂5可绕内立柱2转动,当转到需要位置后,通过液压机构使其与立柱夹紧。另外,摇臂可由电动机并通过摇臂升降丝杠单独带动,沿立柱上下移动。钻头等切削刀具装在主轴箱6的主轴7内。如图6-5(b)所示,立柱为双层结构,内立柱2固定在底座1上,外立柱3由滚动轴承支承,可绕内立柱转动,摇臂5可沿外立柱3升降,主轴箱6可沿摇臂的导轨水平移动。这样,就可在加工时使工件固定,很方便地调整主轴7的位置。为了使主轴7在加工时保持准确的位置,摇臂钻床上具有立柱、摇臂及主轴箱6等夹紧机构。当主轴7的位置调整妥当后,就可快速地将其夹紧。由于摇臂钻床在加工时需要经常改变切削量,因此摇臂钻床通常具有既方便又节省时间的操纵机构,可快速地改变主轴转速和进给量。摇臂钻床广泛应用于单件和中、小批生产中加工大中型零件。

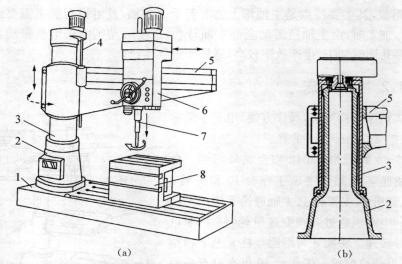

1-底座　2-内立柱　3-外立柱　4-摇臂升降丝杠　5-摇臂　6-主轴箱　7-主轴　8-工作台

图6-5　摇臂钻床

摇臂钻床的主轴组件如图6-6所示。摇臂钻床的主轴在加工时既作旋转主运动,又做轴向进给运动,所以主轴1用轴承支承在主轴套筒2内。主轴套筒2装在主轴箱体孔的镶套11中,由小齿轮4和主轴套筒2上的齿条驱动主轴套筒2,连同主轴1做轴向进给运动。主轴1的旋转主运动由主轴尾部的花键传入,而该

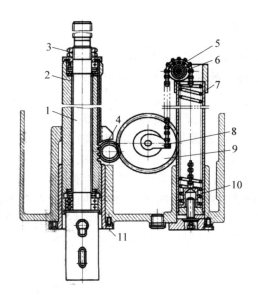

1-主轴　2-主轴套筒　3-螺母　4-小齿轮　5-链条
6-链轮　7-弹簧　8-凸轮　9-齿轮　10-套　11-镶套

图 6 - 6　摇臂钻床主轴部件

传动齿轮则通过轴承直接支承在主轴箱体上,使主轴 1 卸荷。这样既可减少主轴的弯曲变形,又可使主轴移动轻便。主轴 1 的前端有一个 4 号莫氏锥孔,用于安装和紧固刀具。主轴的前端还有两个并列的横向腰形孔,上面一个可与刀柄相配,以传递转矩,并可用专用的卸刀扳手插入孔中旋转卸刀;下面一个用于在特殊的加工方式下固定刀具,如倒刮端面时,需要将楔块穿过腰形孔将刀具锁紧,以防止刀具在向下切削力作用下从主轴锥孔中掉下来。

6.2　镗　床

镗床主要用镗刀来加工圆柱孔,不仅可以得到较高的尺寸精度和几何形状精度,而且易保证孔的位置精度。因此,特别适合加工形状和位置要求严格的孔系及尺寸较大、形状复杂,具有孔系的箱体、机架、床身等零件。镗床的主要类型有卧式铣镗床、坐标镗床、精镗床和能自动换刀的数控镗铣床(加工中心)。

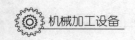

6.2.1 卧式镗床

卧式镗床是指具有固定平旋盘的铣镗床。图6-7所示是卧式铣镗床的外形。主轴箱8安装在前立柱7的垂直导轨上,可沿导轨上下移动。主轴箱8装有镗轴4、平旋盘5、径向刀具溜板6及主运动和进给运动的变速机构及锁止机构等。机床的主运动为镗轴4或平旋盘5的旋转运动。根据加工要求,镗轴4可做轴向进给运动,平旋盘上的径向刀具溜板在随平旋盘旋转的同时,也可做径向进给运动。工作台由下滑座11、上滑座12和上工作台3组成。工作台3可随下滑座沿床身10的导轨纵向移动,也可沿上滑座沿下滑座顶部导轨横向移动。工作台3还可沿上滑座12的环形导轨上绕垂直轴线转位,以便加工分布在不同面上的孔。后立柱2的垂直导轨上有支承架1,用以支承较长的镗杆以增加镗杆的刚性。支承架1可沿后立柱导轨上下移动,以保持与镗轴同轴;后立柱可根据镗杆长度调整纵向位置。

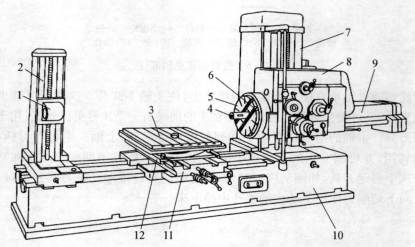

1-后支架 2-后立柱 3-工作台 4-镗轴 5-平旋盘 6-径向刀具溜板 7-前立柱 8-主轴箱 9-后尾架 10-床身 11-下滑座 12-上滑座

图6-7 卧式铣镗床外形

卧式铣镗床可根据加工情况,做以下工作运动:镗轴和平旋盘的旋转主运动,镗轴的轴向进给运动,平旋盘刀具溜板的径向进给运动,主轴箱的垂直进给运动,工作台的纵、横向及主轴箱垂直方向的调位移动,工作台转位,后立柱的纵向及后支承架的垂直方向的调位移动。图6-8所示是卧式镗床典型的加工方法及机床的运动方式。

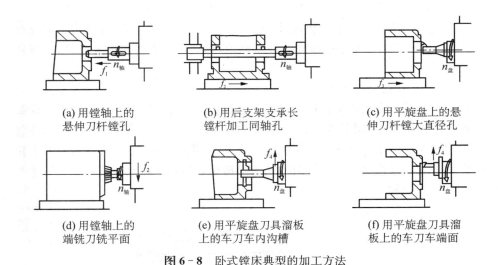

(a) 用镗轴上的　　　　　(b) 用后支架支承长　　　　(c) 用平旋盘上的悬
　　悬伸刀杆镗孔　　　　　　镗杆加工同轴孔　　　　　伸刀杆镗大直径孔

(d) 用镗轴上的　　　　　(e) 用平旋盘刀具溜板　　　(f) 用平旋盘刀具溜
　　端铣刀铣平面　　　　　上的车刀车内沟槽　　　　板上的车刀车端面

图 6-8　卧式镗床典型的加工方法

6.2.2　坐标镗床

　　坐标镗床主要用于精密孔系及位置精度要求很高的孔系的加工。这种机床装备有测量坐标位置的精密测量装置,其坐标定位精度可达到 0.002～0.01 mm,从而保证刀具和工件具有精确的相对位置。因此,坐标镗床不仅可以保证被加工孔本身达到很高的尺寸和形状精度,而且可以不采用导向装置,保证孔间中心距及孔至某一基面间距达到很高的精度。坐标镗床除了能完成镗孔、钻孔、扩孔、铰孔、锪端面、切槽及铣平面等工作外,还能进行精密刻线和划线,以及孔距和直线尺寸的精密测量等工作。坐标镗床主要用于工具车间加工夹具、模具和量具等,也可用于生产车间加工精度要求高的工件。坐标镗床按其布局形式有单柱、双柱和卧式坐标镗床 3 种型式。

6.2.2.1　单柱坐标镗床

　　图 6-9 所示为单柱坐标镗床外形。主轴 2 的旋转主运动由安装在立柱 4 内的电动机经主传动机构传动而实现。主轴通过精密轴承支承在主轴套筒中,并可随套筒做轴向进给。主轴箱 3 可沿立柱导轨垂直方向调整位置,以适应工件的不同高度。主轴在水平面上的位置是固定的,镗孔坐标位置由工作台 1 沿

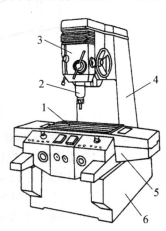

1—工作台　2—主轴　3—主轴箱　4—立柱　5—床鞍　6—床身

图 6-9　单柱坐标镗床外形

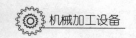

床鞍 5 导轨的纵向移动和床鞍沿床身 6 导轨的横向移动来确定。

这种机床工作台的 3 个侧面敞开，操作比较方便，但主轴箱 3 悬臂安装在立柱 4 上，工作台尺寸愈大，主中心线离立柱就愈远，影响机床刚度和加工精度，一般用于中、小型机床。

6.2.2.2 双柱坐标镗床

图 6-10 所示为双柱坐标镗床外形。这种机床一般属于大型机床，为了保证机床具有足够刚度，采用了两个立柱、顶梁和床身构成龙门框架的布局形式，并将工作台直接支承在床身导轨上。主轴箱 5 安装在可沿立柱 3、6 导轨调整上下位置的横梁 2 上。镗孔的坐标位置由主轴箱沿横梁导轨水平移动及工作台 1 沿床身 8 导轨的移动来确定。

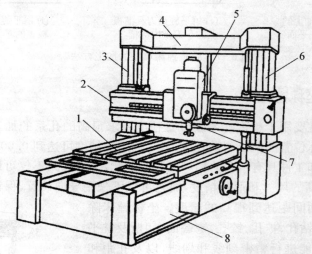

1-工作台　2-横梁　3、6-立柱　4-顶梁　5-主轴箱
7-主轴　8-床身

图 6-10　双柱坐标镗床外形

6.2.2.3 卧式坐标镗床

图 6-11 所示为卧式坐标镗床的外形。这种机床的主轴水平布置与工作台面平行。安装工件的工作台由下滑座 7、上滑座 1 及回转工作台 2 组成。镗孔坐标由下滑座 7 烟床身导轨横向移动和主轴箱 5 沿立柱 4 导轨垂直移动来确定。进给运动可由主轴 3 轴向移动完成，也可由上滑座沿下滑座导轨纵向移动来完成。由于主轴采用卧式布置，工作高度不受限制，且安装方便。回转工作台可作精密分度，以便工件在一次安装中，完成几个面上的孔加工，不仅保证了加工精度，而且

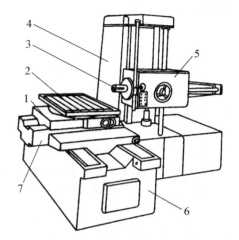

1-上滑座 2-回转工作台 3-主轴 4-立柱 5-主轴箱 6-床身 7-下滑座

图 6-11 卧式坐标镗床的外形

提高了生产效率。

6.2.3 精镗床

精镗床是一种高速镗床,采用金刚石刀具(也称为金刚镗床)或硬质合金刀具,以很高的切削速度、极小的背吃刀量和进给量对工件内孔进行精细镗削。工件的尺寸精度可达 0.003~0.005 mm,表面粗糙度 $Ra0.16~1.25$。精镗床主要用于批量加工连杆轴瓦、活塞、液压泵壳体、气缸套等零件的精密孔。精镗床按机床布局形式可分为单面、双面和多面;按主轴的位置可分为立式、卧式和倾斜式;按主轴数量可分为单轴、双轴和多轴。

图 6-12 所示为单面卧式精镗床的外形。主轴箱 1 固定在床身上,主轴 2 由电动机通过带轮直接带动以高速旋转。工件通过夹具安装在工作台 3 上,工作台沿床身导轨作低速平稳的进给运动。为了获得细的表面粗糙度,除了采用高转速、低进给外,机床主轴结构短且粗,支承在有足够刚

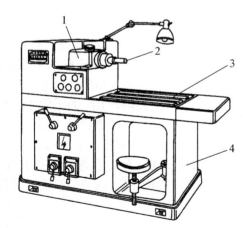

1-主轴箱 2-主轴 3-工作台 4-床身

图 6-12 单面卧式精镗床外形

度的精密支承上,使主轴运转平稳。

6.3 刨 床

刨床和拉床的主运动都是直线运动,所以这两类机床也称为直线运动机床。

刨床类机床主要有牛头刨床、龙门刨床和插床 3 种类型。

刨床类机床主要用于加工各种平面(如水平面、垂直面、斜面等)和沟槽(如 T 形槽、燕尾槽、V 形槽),此外,还可以加工一些简单的直线成形平面。

刨床类机床的主运动是刀具或工件所做的往复直线运动。刀具或工件切削时的运动称为工作行程,刀具或工件返回时不切削,称为空行程。进给运动由刀具或工件完成,其方向与主运动方向相垂直,它是在空行程结束后的短时间内进行的,因而是一种间歇运动。

刨床类机床所用的刀具和夹具都比较简单,加工方便,且生产准备工作较为简单。但由于这类机床的进给运动是间歇的,所以在每次工作行程中,当刀具切入工件时要发生冲击,其主运动反向时还需克服较大的惯性力,这些因素限制了切削速度和空行程速度的提高。因此,在大多数情况下,其生产率较低。这类机床一般适用于单件小批量生产,特别是在机修和工具车间,是常用的设备。

6.3.1 牛头刨床

牛头刨床是刨削类机床中应用最广泛的一种,主要用来加工中小型零件。刨削的长度一般不超过 1 000 mm。

牛头刨床的外形如图 6-13(a)所示,主要由床身 4、滑枕 3、刀架 1、工作台 6、横梁 5、进给机构 6 和变速机构 4 等组成。牛头刨床的主运动是装夹在刀架上的刨刀沿着工件表面所做的往复直线运动。当刨刀向前运动时(工作行程),刀具在工件表面切削金属;当刨刀做返回运动时(空行程),刀具在工件的上面滑回原来的位置。牛头刨床的进给运动是工件在工作台上的横向移动。主运动和进给运动反复进行,就能在工件表面切除多余的金属,从而得到所要求的加工表面。

滑枕在往复直线运动中,工作行程速度和回程速度是不同的。从图 6-13(b)可以看出,滑枕在工作行程时,曲柄摇杆机构中的滑块逆时针转动 α 角,回程时则转过 β 角,显然 $\alpha > \beta$。这就是说,滑枕工作行程所用的时间比回程所用的时间要长,而在工作行程和回程中滑枕所走过的距离是相等的,所以,滑枕的回程速度比工作行程速度要快,这对提高生产率是有利的。另外,当曲柄销等速旋转时,滑枕在每个时刻的运动却是不等速的。滑枕在工作行程时,其速度 $v_{工作}$ 从零(B 点)开

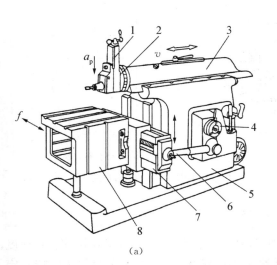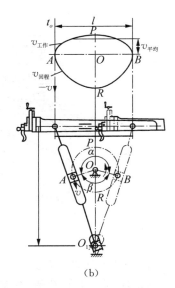

（a）　　　　　　　　　　　　　　　　　（b）

1-刀架　2-转盘　3-滑枕　4-变速机构　5-床身　6-进给机构　7-横梁　8-工作台

图 6-13　牛头刨床

始增至最大值 $v_{工作最大}$（P 点），又由最大值降至零（A 点）；在返回行程时，其速度 $v_{回程}$ 从零开始（A 点）增至最大值 $v_{返程最大}$（R 点），然后又降至零点（B 点）。通常，牛头刨床的切削速度指的是滑枕工作行程时的平均速度。

6.3.2　龙门刨床

龙门刨床主要用于加工大型或重型零件上的各种平面、沟槽和各种导轨面，也可在工作台上一次装夹数个中小型零件进行多件加工。

龙门刨床的主运动是工作台往复直线运动；而进给运动则是刨刀作横向或垂直的间歇运动。这与牛头刨床的运动恰好相反。

龙门刨床的外形如图 6-14(a)所示，主要由床身 10、工作台 9、立柱 7、横梁 2、左右垂直刀架 5 和 6、左右侧刀架 1 和 8 及工作传动机构等组成。

龙门刨床工作时，为了缓和工作台换向时惯性力所引起的冲击，要求工作台在工作行程和空行程将近结束时降低速度；同时，为了避免刀具在切入工件时碰坏，以及离开工件时拉崩工件边缘，也要求工作台在刀具切入和切出工件前速度不能过高。机床工作台循环往复运动的速度如图 6-14(b)所示，换向时的速度为零，在工作行程向前时，工件随着以低速向刨刀接近；刨刀切入工件后，工作台速度逐渐增加到所需的切削速度进行切削工作；在工件切削快要完毕将离开刨刀

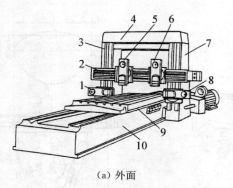

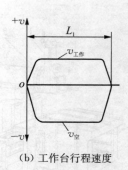

（a）外面　　　　　　　（b）工作台行程速度

1、8-左、右侧刀架　2-横梁　3、7-立柱　4-顶梁　5、6-左、右垂直刀架　9-工作台　10-床身

图6-14　龙门刨床

前,工作台速度降低,以慢速离开刨刀;然后工作台速度降为零,同时换向,速度由零逐渐加速到要求的数值,然后降速至零,再换向。可见工作台的速度按一定规律变化并循环。工作台的变速、变向等动作是由工作台侧面的档块压动床身上的行程开关并通过电气控制系统实现。

6.3.3　插床

插床在结构原理上和牛头刨床相仿,因此,插床也称为立式刨床,主要用于加工工件的内表面,如多边形孔及内孔中的键槽。由于工作台具有回转进给和分度机构,因此某些难以在一般刨床或其他机床上加工的零件,例如较大的内外齿轮,具有内外特殊形状表面的零件,也可在插床上加工。由于结构的限制插床没有抬刀机构,插刀回程时,刀刃与工件加工表面会产生磨擦;插削过程中,滑枕的冲击现象也较为严重。所以插床所选用的切削用量都比较小。插削的加工适应范围较广,加工费用也较低廉,但生产效率不高,因此插床一般适用于单件、小批量生产。

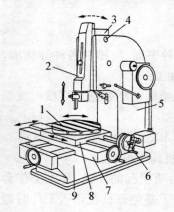

1-圆工作台　2-滑枕　3-滑枕导轨座　4-销轴　5-立柱　6-分度装置　7-床鞍　8-溜板　9-床身

图6-15　插床

插床的外形如图6-15所示。插床由床身9、立柱5、滑枕2、圆工作台1、溜板8、床鞍7等主要部件组成。其主运动是滑枕2带动插刀沿着立柱上的导轨所做的上下往复直线运动。滑枕向下运动为工

作行程,向上为空行程。滑枕导轨座 3 可以绕销轴 4 在小范围内调整角度,以便加工倾斜的内外表面。插床的进给运动是床鞍 7 和溜板 8 所做的横向及纵向进给,以及圆工作台 1 绕垂直轴线旋转所作的圆周进给。上述各个方向的间歇进给运动是在滑枕空行程结束后的短时间内进行的。分度装置 6 用于完成对工件的分度运动。

6.4 拉 床

拉床是用拉刀进行加工的机床。拉床可加工各种形状的通孔、平面及成形表面等。图 6-16 所示为适于拉削的一些典型表面形状。

拉削时,拉刀做平稳的低速直线运动,而进给则由拉刀齿的齿升量来完成,加工表面在拉刀的一次运动中形成。所以,拉床的运动比较简单,只有拉刀主运动而没有进给运动。在拉削过程中,拉刀承受的切削力很大,为了获得平稳的切削运动,拉床的主运动通常采用液压驱动。

由上述可知,拉床的拉削余量小,切削运动平稳,粗、精加工在拉刀的一次行程中完成。因而拉削有较高的加工精度和较小的表面粗糙度值,生产率也高。但拉刀结构复杂,且拉削每种表面都需要专门的拉刀,因而拉床仅适用于大批量生产。

拉床按用途可分为内拉床和外拉床,按布局可分为卧式、立式、连续式拉床等。

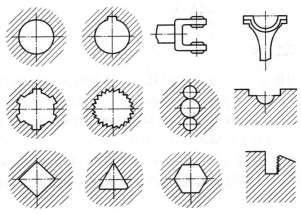

图 6-16 适用于拉削的典型表面形状

6.4.1　卧式内拉床

卧式内拉床是拉床中最常用的机床,主要用于加工工件的内表面,如拉花键孔、键槽和精加工孔。卧式内拉床外形如图 6-17 所示。床身 1 内装有液压缸 2,活塞杆在压力油的驱动下,带动拉刀 8 沿水平方向移动,加工工件。加工时,工件以其端面紧靠在支承座 3 的平面上,若工件端面未经加工,则应将其端面垫以球面垫圈 6,这样拉削时,可以使工件上孔的轴线自动调整到和拉刀轴线一致。滚珠 4 及护送夹头 5 用于支承拉刀。开始拉销前,滚柱 4 及护送夹头 5 向左移动,将拉刀穿过工件的预制孔,并将拉刀左端柄部插入拉刀夹头。加工时滚珠 4 下降不起作用。

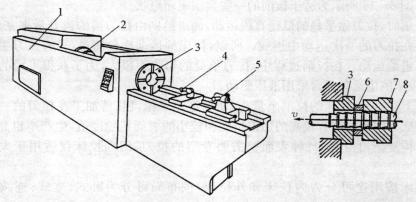

1-床身　2-液压缸　3-支承座　4-滚柱　5-护送夹头　6-球面垫圈　7-工件　8-拉刀

图 6-17　卧式内拉床

6.4.2　立式拉床

立式拉床按用途又可分立式内拉床和立式外拉床。立式内拉床外形如图 6-18(a)所示,可用拉刀或推刀加工工件的内表面。如齿轮淬火后,用于校正花键孔的变形等。用拉刀加工时,拉刀由滑座 5 的上支架 4 支承,自上而下插入工件的预制孔及工作台的孔,拉刀下端柄部夹持在滑座 5 的下支架 1 上,工件的端面紧靠在工作台 2 的上平面上,在液压缸的驱动下,滑座向下移动进行拉削加工。用推刀加工工件时,工件装在工作台的上表面,推刀支承在上支架 4 上,自上向下推动推刀进行切削加工。

立式外拉床的外形如图 6-18(b)所示,可用于加工工件的外表面,如汽车、拖拉机行业加工汽缸体等零件的平面。工件固定在工作台 2 上的夹具内,拉刀 3 固定在滑块 6 上, 滑块 6 沿床身 7 上的垂直导轨向下移动, 带动拉刀完成工件外表面的拉削加工。工作台可做横向移动, 以调整切削深度, 并用于刀具空行程时退出工件。

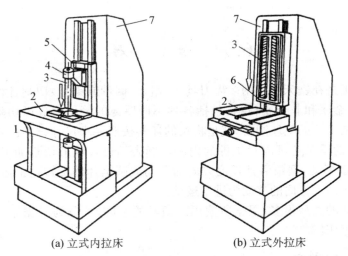

(a) 立式内拉床　　　　　　　　(b) 立式外拉床

1-下支架　2-工作台　3-拉刀　4-上支架　5-滑座　6-滑块　7-床身

图 6-18　立式拉床

6.4.3　连续式拉床

连续式拉床的工作原理如图 6-19 所示。链轮 4 带动链条 7 按切削速度移动, 链条上装有多个夹具 6。工件在机床左端被装入夹具, 并随着链条 7 沿导轨 2

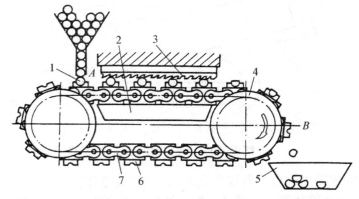

1-工件　2-轨　3-拉刀　4-链轮　5-成品箱　6-夹具　7-链条

图 6-19　连续式拉床工作原理

向左移动。当工件经过拉刀 3 下方时被拉削加工,工件到达机床右端时加工完毕,并自动从机床上卸入成品箱 5 内。由于是连续加工,因而生产率较高,常用于小型零件的大批量生产中,如汽车、拖拉机连接平面及半圆凹面等。

6.5 锯 床

锯削加工是在锯床上应用多齿刀具—(锯条、锯带或锯片)切割各种截面形状的钢材、有色金属和非金属材料,包括各种不同厚薄的管子或成形切割。切断主要用于工件加工前的毛坯制备,就是将长的坯料按照要求尺寸锯断。在立式带锯机床上,用窄的锯条还可以对工件的内外轮廓表面进行成形切割加工。锯削时,工件一般固定不动,锯条沿其长度方向的移动或圆锯片的旋转是主运动,刀具或工件沿垂直主运动方向的移动为进给运动。

锯削机床的类型很多,根据所使用的刀具的不同,可分为弓锯床、带锯床、圆盘锯床及锉锯床。

6.5.1 弓锯床

如图 6-20 所示,锯削时,坯料 1 固定不动,连杆 6 带动弓架 2 以及安装在弓架上的锯条 3,沿弓架座 4 上的导轨做直线往复运动,实现主运动。弓架座绕销轴 5 转动带动弓架及锯条逐渐切入工件,实现进给运动。

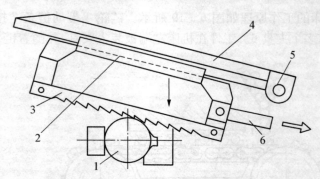

1-毛坯 2-弓架 3-锯条 4-弓架座 5-销轴 6-连杆

图 6-20 弓锯床锯削示意

由于弓锯床的主运动为直线往复运动,切削速度不能过高,而且锯条回程时不切削,所以生产效率低。但是弓锯床结构简单,成本较低,且锯口宽度较圆盘锯窄(2.6 mm),弓锯床适用于小批生产。图 6-21 所示是 G7025 型弓锯床的外形。

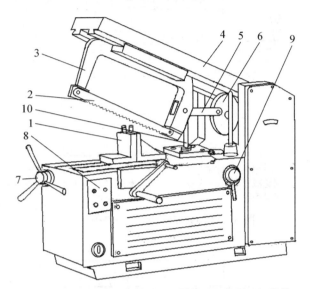

1-夹具 2-锯条 3-锯弓 4-滑枕 5-连杆 6-齿轮
7-夹紧手轮 8-电气开关 9-旋阀 10-工作油缸

图 6-21 G7025 型弓锯床外形

6.5.2 带锯床

带锯床是采用环形锯带连续切割的机床。根据机床的结构型式可分为卧式带锯床和立式带锯床。

6.5.2.1 卧式带锯床

图 6-22 所示是 G4025 型卧式带锯床的外形图。由于这种锯床的锯带是单向连续移动,速度高,锯切速度比弓锯床快 3~5 倍,又没有弓锯床的空行程损失。所以,生产率高且工作平稳、振动小、切割精度较高。同时,切口也较窄(1.2 mm),节省金属,适合于中、小批量生产条件下金属型材的锯切。

图 6-23 所示为卧式带锯床工作原理。工件毛坯被虎钳夹紧固定不动,环形锯带 2 由高速旋转的锯带轮 5 带动做单方向的连续移动,实现主运动。锯带轮 5 由电动机经蜗杆蜗轮传动带动绕水平轴(或倾斜轴)转动,两对扭轮 3 将锯带由水平(或倾斜)位置扭到垂直位置对坯料进行锯削。支承轮 4 用来支撑锯带,从而可不因切削抗力的作用而产生垂直方向的位移。进给运动由液压装置无级调速,驱

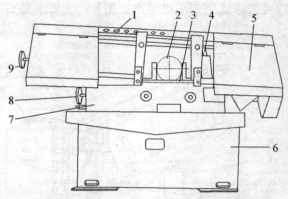

1-电气控制部分　2-工件　3-带锯　4-锯弓油缸
5-蜗轮减速器　6-床身座　7-工作台　8-夹紧虎钳手轮
9-张紧手轮

图 6 - 22　G4025 型卧式带锯床外形图

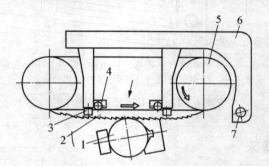

1-工件毛坯　2-环形锯带　3-扭轮　4-支承轮
5-锯带轮　6-锯架　7-销轴

图 6 - 23　带锯床工作原理图

动锯架 6 绕销轴 7 转动来完成。

6.5.2.2　立式带锯床

图 6-24 所示为立式带锯床工作原理。电阻对焊装置 3 用于对焊锯带以形成环形,对焊后再用该装置予以回火,以削除焊口应力及脆性,避免开裂。环形锯带 6 张紧在两个锯带轮 10 和 5 上。电动机 1 通过变速机构 2、带轮 9 带动主动锯带轮 10 旋转,从而使环形锯带 6 连续运动。工作台 7 能在前后左右方向倾转一定角度,用以加工斜面。工作台下面装有液压缸 8,通过活塞杆工作台移动,工作行程为慢速,回程为快速,以提高生产率。立式带锯床切割厚度可达 320 mm。

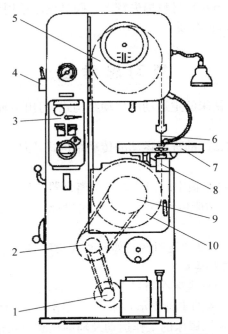

1-电动机　2-变速机构　3-电阻对焊装置　4-手柄　5、10-锯带轮　6-环形锯带　7-工作台　8-液压缸　9-带轮

图 6-24 立式带锯床工作原理图

6.5.3 圆盘锯床

图 6-25 所示为圆盘锯床加工示意图。锯削时坯料 2 装夹在夹具 3 中,圆锯片 1 旋转作为主运动,并沿毛坯径向先是快速接近,后是慢速连续进给。毛坯切断后锯片即快速退回起始位置,同时夹具松开,毛坯沿其轴线自动移动一定距离后再被夹紧,锯片再次快速接近,再次切割。

锯片的工作进给、快速接近、快速及坯料的夹紧、松开、起料等均为液压控制。液压系统中还有夹紧与进给的联锁装置,及锯削过程中根据负荷变化自动无级改变进给量的调节装置。

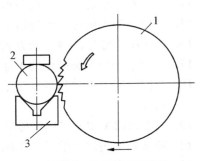

1-圆锯片　2-坯料　3-夹具

图 6-25 圆盘锯床加工示意

由于圆锯片的直径很大,刀齿很多,锯片较厚,刀具刚性好,所以锯削效率高。

但是,锯口较宽(7～10 mm),材料损失较大。圆盘锯床适用于大批大量生产,适合于锯削大断面尺寸的黑色金属。

复习思考题

1. 根据 Z525 型立式钻床的主运动的传动结构式,写出主轴的最高转速和最低转速的计算式。

2. 根据 Z525 型立式钻床的进给运动的传动结构式,写出主轴的最大和最小进给量的计算式。

3. Z525 型立式钻床进给箱中的钢球式安全离合器的作用是什么? 如何调整?

4. 根据 Z3040 型摇臂钻床传动系统的结构式,写出主轴最大和最小进给量的计算式。

5. Z3040 型摇臂钻床主轴变速机构是如何实现变速的?

6. 卧式镗床可实现哪些运动?

7. 单柱、双柱及卧式坐标镗床在布局上各有什么特点?

8. TP619 型卧式铣镗床的主轴支承各采用什么结构? 为什么采用这种结构?

9. 概述 TP619 型卧式铣镗床的工作运动及辅助运动以及这些运动的作用。

10. TP619 型卧式铣镗床传动系统图中镗轴进给丝杆后端的挂轮是应用于什么场合的? 属于哪条传动链? 写出其运动平衡式。

11. 为什么传动平旋盘刀具溜板径向进给的传动系统中要采用合成机构?

12. 用刨床类机床有哪几种,有哪些用途?

13. 牛头刨床是由哪些主要部件和机构组成的? 说明刀架的结构及作用。

14. 牛头刨床滑枕工作行程与返回行程的速度是否相同? 为什么?

15. 试说明牛头刨床间歇进给运动是如何实现的。

16. 指出牛头刨床两种传动方式的优缺点。

17. 龙门刨床与牛头刨床的主运动有何区别?

18. 龙门刨床工作台循环往复直线运动的速度有何要求? 绘图说明其速度变化情况。

19. 按 B2012A 型龙门刨床传动系统图,简述该机床主运动和进给运动的实现。

20. 插床和牛头刨床的最大不同点是什么?

21. 插床工作台可以作几个方向的进给运动。

22. 插床的插刀返回行程时,是否与工件加工表面产生磨擦? 为什么?

23. 试说明拉削加工的特点。

24. 弓锯床和带锯床各有哪些特点?

第7章

数控机床概述

7.1 数控机床的工作原理和组成

7.1.1 数控机床的工作原理

用金属切削机床加工零件时,操作者依据工程图样的要求,不断改变刀具与工件之间相对运动的参数(位置、速度等),使刀具对工件进行切削加工,最终得到所需要的合格零件。用数控机床加工零件时,首先应将加工零件的几何信息和工艺信息编制成加工程序,由输入部分送入数控装置,经过数控装置的处理、运算,按各坐标轴的分量送到各轴的驱动电路,经过转换、放大去驱动伺服电动机,带动各轴运动,并进行反馈控制,使刀具与工件及其他辅助装置严格地按照加工程序规定的顺序、轨迹和参数有条不紊地工作,从而加工出零件的全部轮廓。

刀具沿各坐标轴的相对运动是以脉冲当量为单位的(mm/脉冲)。

当走刀轨迹为直线或圆弧时,数控装置则在线段的起点和终点坐标值之间进行数据点的密化,求出一系列中间点的坐标值,然后按中间点的坐标值向各坐标输出脉冲数,保证加工出所需要的直线或圆弧轮廓。其加工原理如图 7 - 1 所示。

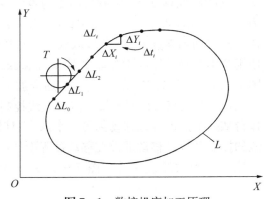

图 7 - 1　数控机床加工原理

7.1.2 数控机床的组成

数控机床一般由控制介质、数控装置、伺服系统和机床本体所组成,如图 7－2 所示。图中的实线部分为开环系统,虚线部分包含位置反馈构成了闭环系统。

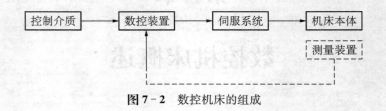

图 7－2 数控机床的组成

7.2 数控机床的分类

数控机床种类繁多,可从不同角度分类。

7.2.1 按加工工艺范围分类

这种分类方式与普通机床分类方法一样,可分为数控车床、数控铣床、数控钻床、数控镗床、数控刨插机床、数控齿轮加工机床、数控螺纹加工机床、数控电加工及超声波加工机床、数控磨床、数控割断机床及数控其他机床等。

7.2.2 按运动方式分类

(1) 点位控制系统　点位控制系统是指数控系统只控制刀具或机床工作台,从一点准确地移动到另一点,而点与点之间运动的轨迹不需要严格控制的系统。为了减少移动部件的运动与定位时间,一般先快速移动到终点附近位置,然后低速准确移动到终点定位位置,以保证良好的定位精度。移动过程中刀具不切削。使用这类控制系统的主要有数控坐标镗床、数控钻床、数控冲床、数控弯管机等。图 7－3(a)所示为点位控制的数控钻床加工示意图。

(2) 点位直线控制系统　点位直线控制系统是指数控系统不仅控制刀具或工作台从一个点准确地移动到另一个点,而且保证在两点之间的运动轨迹是一条直线的控制系统。移动部件在移动过程中切削。应用这类控制系统的有数控车床、数控钻床和数控铣床等。图 7－3(b)所示为点位直线控制的数控铣床加工示意图。

(a) 点位控制系统　　(b) 点位直线控制系统　　(c) 轮廓控制系统

图 7 - 3　数控机床的运动方式

（3）轮廓控制系统　轮廓控制系统也称连续控制系统,是指数控系统能够对两个或两个以上的坐标轴同时进行严格连续控制的系统。它不仅能控制移动部件从一个点准确地移动到另一个点,而且还能控制整个加工过程每一点的速度与位移量,将零件加工成一定的轮廓形状。应用这类控制系统的有数控铣床、数控车床、数控齿轮加工机床和加工中心等。图 7 - 3(c)所示为轮廓控制的数控铣床加工示意图。

7.2.3　按伺服系统的形式分类

按数控伺服系统的形式可分为开环系统数控机床、半闭环系统数控机床和全闭环系统数控机床。

（1）开环控制系统　如图 7 - 4(a)所示,开环控制系统是不带检测反馈的数控伺服控制系统,具有结构简单,成本较低等优点。但是系统不检测移动部件的实际位移量,也不能进行误差校正,因此,步进电机的步距误差,齿轮与丝杆等的传动链误差都将反映到被加工零件的精度中。

（2）半闭环控制系统　如图 7 - 4(b)所示,半闭环控制系统是在传动链的旋转部分安装角度测量元件并进行反馈的数控伺服控制系统,由于角位移检测装置比直线位移检测装置的结构简单,安装方便,因此配有精密滚珠丝杆和齿轮的半闭环系统正在被广泛地采用。由于惯性较大的机床移动部件不包括在闭环之内,系统的调试比较方便,并有很好的稳定性。目前已经逐步将角位移检测装置和伺服电机设计成一个部件,使系统变得更加简单。

（3）闭环控制系统　如图 7 - 4(c)所示,闭环控制系统是对工作台或刀架的实际位置进行检测并反馈的数控伺服控制系统,其运动精度主要取决于检测装置的精度。而与传动链的误差无关,显然其控制精度高于半闭环系统。闭环控制系统对机床的结构以及传动链仍然提出比较严格的要求,传动系统的刚性不足及间隙、导轨的爬行等各种因素将增加调试的困难,甚至使伺服系统产生振荡。

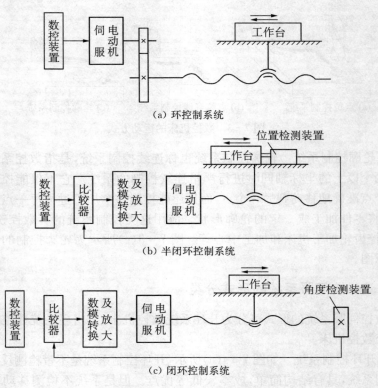

（a）环控制系统

（b）半闭环控制系统

（c）闭环控制系统

图 7-4　机床的伺服系统

7.2.4　其他分类

按数控系统的联动轴数分类,可分为二坐标轴数控机床、三坐标数控机床和多坐标数控机床。

按机床中有无自动换刀装置分类,可分为普通数控机床和加工中心。

按数控系统的功能分类,可分为经济型数控机床、中档数控机床和高档数控机床。

7.3　数控机床的特点和应用

数控机床与普通机床加工零件的区别,在于数控机床是按照程序自动加工零件,而普通机床要由工人手工操作来加工零件。在数控机床上加工零件只要改变控制机床动作的程序,就可以达到加工不同零件的目的。因此,数控机床特别适用于加工小批量,且形状复杂,要求精度高的零件。

7.3.1　数控机床的特点

由于数控加工是一种程序控制过程,使其相应形成了以下几个特点:

(1) 自动化程度高　数控机床对零件的加工是按事先编好的程序自动完成的,操作者除了操作键盘、装卸零件、安装刀具、完成关键工序的中间测量以及观察机床的运行之外,不需要繁重的重复性手工操作,劳动强度与紧张程度均可大为减轻,劳动条件也得到相应的改善。

(2) 加工精度高且加工质量稳定可靠　数控机床的加工误差一般能控制在0.01 mm甚至更小。数控机床进给传动链的反向间隙与丝杠螺距误差等均可由数控装置补偿,因此,数控机床能达到比较高的加工精度。此外数控机床的传动系统与机床结构都具有很高的刚度和热稳定性,而且提高了它的制造精度,特别是数控机床的自动加工方式,避免了生产者的人为操作误差,同一批加工零件的尺寸一致性好,产品合格率高,加工质量十分稳定。

(3) 对加工对象改型的适应性强　由于在数控机床上改变加工零件时,只需要更换程序或者手动输入新程序就能实现对零件的加工。它不同于传统的机床,不需要制造、更换许多工具、夹具和模具,更不需要重新调整机床。因此数控机床可以很快从加工一种零件转变为加工另一种零件,这就为单件、小批以及试制新产品提供了极大的便利。它缩短了生产准备周期,而且节省了大量工艺装备费用。对于使用点位控制系统的多孔零件的加工,当需要修改设计,改变其中某些孔的位置和尺寸时,只需局部修改增删穿孔带的相应部分,花费很短的生产准备时间就可以把修改后的新产品制造出来,为产品结构的不断更新提供了有利条件。

(4) 加工生产率高　零件加工所需要的时间包括机动时间与辅助时间两部分。数控机床能够有效地减少这两部分时间,因而加工生产率比普通机床高得多。数控机床主轴转速和进给量的范围比普通机床的范围大,每一道工序都能选用最合理的切削用量;良好的结构刚性允许数控机床进行大切削用量的强力切削,有效地节省了机动时间。数控机床移动部件的快速移动和定位均采用了加速与减速措施,因而选用了很高的空行程运动速度,消耗在快进、快退和定位的时间要比一般机床少得多。数控机床在更换被加工零件时几乎不需要重新调整机床,而零件又都安装在简单的定位夹紧装置中,用于停机进行零件安装调整的时间可以节省不少。

(5) 有利于生产管理的现代化　用数控机床加工零件,能准确地计算零件的

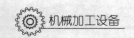

加工工时,并有效地简化了检验和工夹具、半成品的管理工作。这些特点都有利于使生产管理现代化,便于实现计算机辅助制造。数控机床及其加工技术是计算机辅助制造系统的基础。

7.3.2 数控机床的应用范围

数控机床的应用范围如下:

(1) 加工形状复杂,加工精度高,用普通机床无法加工,或虽然能加工但很难保证加工质量的零件。

(2) 用数学模型描述的复杂曲线或曲面轮廓零件。

(3) 必须在一次安装中合并完成铣、镗、锪、铰或攻螺纹等多工序的零件。

(4) 适用于柔性生产线和计算机集成制造系统。

目前,在机械行业中,随着市场经济的发展,产品更新周期越来越短,中小批量的生产所占有的比例越来越大,对机械产品的精度和质量要求也在不断地提高。所以,普通机床越来越难以满足加工的要求。同时,由于技术水平的提高,数控机床的价格在不断下降,因此,数控机床在机械行业中的使用将越来越普遍。

7.4 数控机床的主要性能指标

7.4.1 数控机床的精度指标

(1) 定位精度　定位精度是指数控机床工作台等移动部件在确定的终点所达到的实际位置的精度,因此移动部件实际位置与理想位置之间的误差称为定位误差。定位误差包括伺服系统、检测系统、进给系统等误差,还包括移动部件导轨的几何误差等。定位误差将直接影响零件加工的位置精度。

重复定位精度是指在同一台数控机床上,应用相同程序相同代码加工一批零件,所得到的连续结果的一致程度。重复定位精度受伺服系统特性、进给系统的间隙与刚性以及摩擦特性等因素的影响。一般情况下,重复定位精度是成正态分布的偶然性误差,它影响一批零件加工的一致性,是一项非常重要的性能指标。

(2) 分度精度　分度精度是指分度工作台在分度时,理论要求回转的角度值和实际回转的角度值的差值。分度精度既影响零件加工部位在空间的角度位置,也影响孔系加工的同轴度等。

(3) 分辨度与脉冲当量　分辨度是指两个相邻的分散细节之间可以分辨的最小间隔。对测量系统而言,分辨度是可以测量的最小增量;对控制系统而言,分辨度是可以控制的最小位移增量。数控装置每发出一个脉冲信号,反映到机床移动部件上的移动量,称为脉冲当量。脉冲当量是设计数控机床的原始数据之一,其数值的大小决定数控机床的加工精度和表面质量。目前普通数控机床的脉冲当量一般采用 0.001 mm;简易数控机床的脉冲当量一般采用 0.01 mm;精密或超精密数控机床的脉冲当量采用 0.000 1 mm。脉冲当量越小,数控机床的加工精度和加工表面质量越高。

7.4.2　数控机床的运动性能指标

数控机床的运动性能指标主要包括主轴转速、进给速度、坐标行程、摆角范围和刀库容量及换刀时间等。

(1) 主轴转速　数控机床的主轴一般采用直流或交流调速主轴电动机驱动,选用高速精密轴承支承,保证主轴具有较宽的调速范围和足够高的回转精度、刚度及抗振性。目前,数控机床主轴转速已普遍达到 5 000～10 000 r/min,甚至更高,这样对各种小孔加工以及提高零件加工质量和表面质量都极为有利。

(2) 进给速度　数控机床的进给速度是影响零件加工质量、生产效率以及刀具寿命的主要因素,受数控装置的运算速度、机床动特性及工艺系统刚度等因素的限制。目前国内数控机床的进给速度可达 10～15 m/min,国外一般可达 15～30 m/min。

(3) 行程　数控机床坐标轴 x、y、z 的行程大小,构成数控机床的空间加工范围,即加工零件的大小。行程是直接体现机床加工能力的指标参数。

(4) 摆角范围　具有摆角坐标的数控机床,其转角大小也直接影响到加工零件空间部位的能力。但转角太大又造成机床的刚度下降,因此给机床设计带来许多困难。

(5) 刀库容量和换刀时间　刀库容量和换刀时间对数控机床的生产率有直接影响。刀库容量是指刀库能存放加工所需的刀具数量。目前常见的中小型加工中心多为 16～60 把,大型加工中心达 100 把以上。换刀时间指带有自动交换刀具系统的数控机床,将主轴上使用的刀具与装在刀库上的下一工序需用的刀具进行交换所需要的时间。目前国内均在 10～20 s 内完成换刀;国外不少数控机床换刀时间仅为 4～5 s。

7.4.3　数控机床的可控轴数与联动轴数

数控机床的可控轴数是指机床数控装置能够控制的坐标数目。数控机床可控轴数和数控装置的运算处理能力、运算速度及内存容量等有关。世界上最高级数控装置的可控轴数已达到 24 轴,我国目前最高数控装置的可控轴数为 6 轴。

数控机床的联动轴数是指机床数控装置控制的坐标轴同时达到空间某一点的坐标数目。目前有两轴联动、三轴联动、四轴联动、五轴联动等。三轴联动数控机床可以加工空间复杂曲面；四轴联动、五轴联动数控机床可以加工宇航叶轮、螺旋桨等零件。

复习思考题

1. 控制介质起什么作用？
2. 数控装置的主要功能是什么？
3. 如何判断数控机床伺服控制系统的类型？
4. 数控机床有什么特点？
5. 数控机床的精度指标和运动性能指标有哪些？

第 8 章

数控机床的数控系统与驱动装置

8.1　数控机床的数控系统

数控机床的数字控制系统能接受控制介质上事先给定了的信息,并自动将其译码,输出符合指令的脉冲,从而使机床运动并加工出合乎要求的高质量零件。

8.1.1　数控系统的功能

数控系统的功能主要有:

(1)控制功能　指数控系统能够控制的和联动控制的轴数。控制轴有移动进给轴和回转进给轴和附加轴。联动控制的轴数越多,数控系统就越复杂,编程的难度就越大。

(2)准备功能　指控制机床的动作方式,包括机床基本移动、程序暂停、平面选择、坐标设定、刀具补偿、基准点返回、固定循环、公英制转换等指令。

(3)插补功能　指数控系统实现零件轮廓加工轨迹运算的功能。即以最小的逼近误差,在指定线段的起点与终点之间进行数据点的密化工作。一般的 CNC 系统仅具有直线插补功能和圆弧插补功能,较为高档的 CNC 系统则具有抛物线插补、极坐标插补、正弦线插补、螺旋线及样条曲线插补等功能。

(4)主轴功能　用于指定主轴的转速,单位是 r/min。

(5)进给功能　用来指定各轴的进给量,主要有控制主轴每转的进给量(mm/r);控制刀具每分钟相对于工件的进给量(mm/min,即进给速度);进给倍率控制,用于人工实时修调进给量。即通过操作面板上的进给倍率选择开关以每档 10% 的间隔在 0~200% 之间实时修调预先设定的进给速度。

（6）辅助功能　用于指令机床辅助操作的功能，如主轴的起动、停止与正反转，冷却液泵的打开与关闭，刀库的起动、停止等。

（7）刀具功能及工作台分度功能　用来选择刀具和使分度工作台的分度。

（8）人机对话功能　通过屏幕显示字符和图形。可显示程序、参数、各种补偿量、坐标位置、故障信息、人机对话编程菜单、零件图形、动态刀具轨迹等，以方便用户的操作和使用。

（9）自诊断功能　故障出现后，可以迅速查明故障的类型和部位，便于及时排除故障，减少故障停机时间。有的 CNC 系统还可以进行远程通信诊断。

（10）补偿功能　包括刀具长度和半径补偿功能、传动链误差补偿功能，主要用于补偿因刀具的磨损或更换、传动丝杠螺距误差和反向间隙引起的误差。

（11）固定循环功能　预先将典型的循环动作编好程序，存储在存储器中，加工时直接指令这些功能，使编程工作大大简化。

（12）通讯功能　它是 CNC 系统与外界进行信息和数据交换的功能，通常系统都配有 RS232 接口，设有缓冲存储器，可与上级计算机进行通信，传送零件的加工程序。有的还备有 DNC 接口，以实现直接数控。

（13）自动在线编程功能　有些 CNC 系统可按零件蓝图直接自动编程，操作或编程人员只需送入图样上简单几何数据等命令，就能自动生成加工程序。有的 CNC 系统可在线人机对话式编程，并具有自动工序选择、自动刀具和切削条件选择等智能功能。

一般说来，中低档的数控系统只具有上述功能的部分功能，高档数控系统才有可能具备上面的全部或更多的功能。数控系统的功能是选择数控机床或数控系统所要考虑的重要内容之一。

8.1.2　计算机数控系统的硬件结构

计算机数控系统的基本硬件结构由微机基本系统、人机界面接口、通信接口、进给轴位置控制接口、主轴控制接口以及辅助功能（MST）控制接口等部分组成，如图 8-1 所示。

8.1.2.1　微机基本系统

微机基本系统的主要组成包括 CPU、存储器、定时器、中断控制和输入输出通道等。

（1）CPU　是整个数控系统的核心，它集中控制和管理整个系统资源，通过分时处理的方式来实现各种数控功能。常见的中、低档数控系统基本上采用 8 位或 16 位 CPU，随着 CPU 技术的发展，现代数控系统大多采用 32 位并向 64 位 CPU 发展。

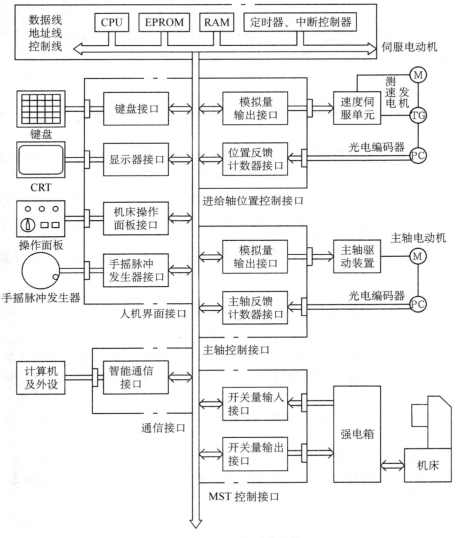

图 8 - 1 CNC 系统总体结构

（2）存储器 包括只读存储器和随机存储器。只读存储器 EPROM 用于固化系统控制软件,通过专用的写入器写入程序,断电后程序不丢失。程序只能被 CPU 读出,不能随机写入,必要时可用紫外线抹除后再写;随机存储器 RAM 中存放可读写的信息,运算的中间结果存放在 RAM 中,它能随机读写,断电后信息即消失。加工程序、数据和参数等需要存放在有电池支持的 CMOSRAM 或磁泡存储器中,它能随机读出,并可根据加工零件写入或修改,断电后由电池供电,信息仍能保留。

(3)定时器和中断器 定时器用于计算机系统的定时控制;中断器用来对输入的中断信号排出优先次序。

(4)输入输出通道 输入输出通道是 CNC 系统内部进行数据或信息交换的通道,包括数据总线、地址总线和控制总线 3 组。

① 数据总线是各模块间数据交换的通道,线的根数与数据宽度相等,它采用双向总线。

② 地址总线是传送数据存放地址的总线,与数据总线结合,以确定数据总线上传输的数据来源地或目的地,它采用单向总线。

③ 控制总线是一组传送管理或控制信号的总线,如数据的读、写控制,中断、复位以及各种信号确认等,它采用单向总线。

8.1.2.2 人机界面接口

人机对话界面由显示器及附近的软键、键盘、操作面板及手摇脉冲发生器等组成。

(1)显示器可显示刀具实际位置、加工程序、坐标系、刀具参数、机床参数、报警信息等。显示的内容通过附近的软键控制。软键是指其功能不确定,其含义显示于当前屏幕对应软键的位置。在一个主功能下可能有多个子功能,子功能键往往以软键的形式存在。开机操作时,首先选择主功能,常见的主功能有自动加工、手动操作、程序管理、手动数据输入等。进入主功能后,再通过软键选择下级子功能。

(2)键盘包括数字键、字母键和功能键,用于输入加工程序、参数的输入、修改和光标控制等。

(3)机床控制操作面板由进给控制键、主轴控制键、自动加工方式键、急停开关等组成。在该操作面板上,可控制各轴快速进给、切削进给,控制主轴正转、反转、停止,控制主轴速度、切削进给速度等。

(4)手摇脉冲发生器一般也在操作面板上,用于手动控制机床坐标轴的运动。

8.1.2.3 通信接口

通信接口用于 CNC 与外设、上级计算机以及网络的连接,实现数据信息交换,如 RS232、RS485、DNC、MAP 接口等。

8.1.2.4 进给轴位置控制接口

进给轴位置控制接口包括模拟量输出接口和位置反馈计数器接口。模拟量输出接口采用数模转换器 DAC,输出模拟电压的范围为 $-10 \sim +10$ V,用以控制速度伺服单元。模拟电压的正负和大小分别决定电动机的转动方向和转速;位置反馈计数接口能检测并记录位置反馈元件所发回的信号,从而得到进给轴的实际位置。

8.1.2.5　主轴控制接口

主轴控制接口包括模拟量输出接口和主轴位置反馈计数器接口。当数控机床配有无级变速装置驱动装置时,可利用模拟量输出接口输出模拟量进行无级变速;主轴位置反馈计数器接口主要用于螺纹切削功能、主轴准停功能以及主轴转速监控等。

8.1.2.6　辅助控制接口

即 MST 功能,它对强电箱的控制联系是通过开关量输入/输出接口完成的,MST 功能的开关量控制逻辑关系复杂,一般采用可编程控制器(PLC)来实现。

8.2　伺服驱动装置

8.2.1　进给伺服系统的组成和工作原理

数控机床的进给伺服系统由伺服驱动电路、伺服驱动装置、机械传动机构及执行部件组成。它的作用是,接收数控系统发出的进给速度和位移指令信号,由伺服驱动电路作转换和放大后,经伺服驱动装置(直流、交流伺服电机、功率步进电机、电液脉冲马达等)和机械传动机构,驱动机床的刀架、工作台、主轴头架等执行部件实现工作进给和快速运动。数控机床的进给伺服系统与一般机床的进给系统有本质差别,它能根据指令信号精确地控制执行部件的运动速度与位置,以及几个执行部件按一定规律运动所合成的运动轨迹。数控进给伺服系统按有无位置检测和反馈进行分类,有开环伺服系统和闭环伺服系统两种。

开环伺服系统由步进电机及其驱动线路等组成,如图 8-2 所示。每向步进电机输入一个脉冲,步进电机就旋转一个步距角 θ,步进电机的旋转速度取决于指令

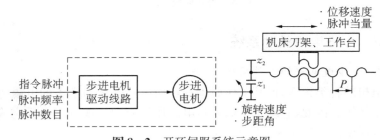

图 8-2　开环伺服系统示意图

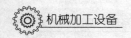

脉冲的频率 f。经齿轮副和滚珠丝杠螺旋副传动,使机床刀架或工作台移动一个脉冲当量 Q(mm/脉冲)。脉冲当量 Q 的计算如下:

$$Q = \frac{\theta}{360°} \times \frac{z_1}{z_2} \times P。$$

位移量 S 的大小由指令脉冲数 N 决定,即 $S = N \times Q$。由于系统中没有位置检测器及反馈线路,因此开环系统的精度较低,但由于结构简单、易于调整,在精度不太高的场合仍得到较广泛的应用,如机床改造等。这种系统的定位精度一般可达到 ± 0.02 mm,脉冲当量 $Q = 0.01$ mm/脉冲,最高进给速度一般在 6 m/min 以下。开环伺服系统在一些普通机床的数控改造以及对精度要求较低的场合,如在电脑绣花机、绘图仪等中得到了广泛应用。

闭环伺服系统由伺服电机、检测装置、比较电路、伺服放大系统等部分组成,如图 8-3 所示。它根据来自检测装置的反馈信号与指令信号比较的结果,控制速度和位置。高精度或大型机床直接从安装在工作台等移动部件上的检测装置中取得反馈信号,从而实现精度较高的反馈控制。但这种测量装置的价格较高,安装及调整都比较复杂且不易保养;部分数控机床检测反馈信号是从伺服电机轴或滚珠丝杠上取得的,又称半闭环伺服系统。半闭环系统中的转角测量比较容易实现,但由于后继传动链传动误差的影响,测量补偿精度比闭环系统差。半闭环系统由于系统简单而且调整方便,现在已广泛地应用在数控机床上。

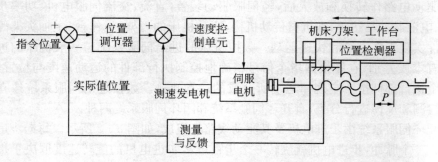

图 8-3 闭环伺服系统示意

8.2.2 步进电机驱动系统

8.2.2.1 步进电机的工作原理

步进电机的种类很多,但其工作原理都是通过被励磁的定子的电磁力吸引转子偏转输出转矩。因此,它理论依据就是电磁作用原理。现以三相反应式步进电机为例加以说明。

图 8-4 所示是反应式三相步进电机的工作原理图。定子上有 3 对磁极,分成 A、B、C 三相,每对磁极上绕有激磁绕组,并且电流产生的磁场方向一致。转子无绕组,它是由带齿的铁芯做成的。当定子绕组按顺序轮流通电时,A、B 和 C 3 对磁极依次产生磁场,并每次对转子的某一对齿产生电磁转矩,使它转动。每当转子的某一对齿的中心线与定子磁极的中心对齐时,磁阻最小,转矩为零。按一定方式切换定子绕组各相电流,使转子按一定方向一步步转动。步进电机每个脉冲转过的角度称为步距角。

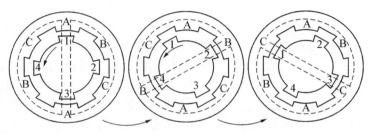

逆时针转 30°　　　逆时针转 30°

图 8-4　反应式三相步进电机的工作原理

设 A 相通电,则转子的 1、3 两齿被磁极 A 产生的电磁转矩吸引转动,当 1、3 齿与 A 对齐时,转动停止;此时,B 相通电,A 相断电,磁极 B 又把距它最近的一对齿 2、4 吸引转动,转子按逆时针方向转过 30°;接着 C 相通电,B 相断电,转子 2 逆时针旋转 30°。依此类推,定子按 A→B→C→A……顺序通电,转子就一步步地按逆时针方向转动,每步转 30°。若改变通电顺序,按 A→C→B→A……顺序通电,步进电机就按顺时针方向转动,同样每步转 30°。这种控制方式称为单三拍方式。由于每次只有一相绕组通电,在切换瞬间电机失去自锁转矩,容易失步。此外,只有一相绕组通电吸引转子,易在平衡位置附近产生振荡。因此实际中不采用单三拍控制方式,而是采用双三拍控制方式,即通电顺序按 AB→BC→CA→AB……(逆时针方向)或 AC→CB→BA→AC……(顺时针方向)进行。由于双三拍控制方式每次有两相绕组通电,而且切换时总保持一相绕组通电,所以工作较稳定。如果通电顺序按 A→AB→B→BC→C→CA→A……进行,就是三相六拍控制方式,每切换一次,步进电机按逆时针方向转过 15°。同样,若按 A→AC→C→CB→B→BA→A……顺序通电,步进电机每步按顺时针方向转 15°。三相六拍控制方式比单三拍控制方式步距角小一半,同样在切换时保持一相绕组通电,工作稳定;与双三拍相比增大了稳定区,故在实践中常采用这种控制方式。

步进电机的旋转方向和转速,由定子绕组的脉冲电流决定,即由指令脉冲决定。指令脉冲数就是电机的转动步数,即角位移的大小。指令脉冲频率决定它的旋转速度,只要改变指令脉冲频率,就可以使步进电机的旋转速度在很宽范围内连续调节。改变绕组的通电顺序,可以改变它的转向。由此可见,步进电机的控制是十分方便的。采用步进电机驱动的缺点是效率低,驱动惯量负载能力差,作高速运动时容易失步。

8.2.2.2　步进电动机的驱动与控制系统

步进电动机的驱动装置是将变频信号源(微机或数控装置等)送来的脉冲信号及方向信号按要求的配电方式自动地循环供给步进电动机的各相绕组,以驱动

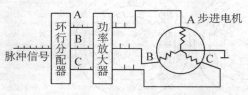

图 8-5　步进电机驱动装置

步进电动机转子正、反向旋转。变频信号源是可提供从几赫兹到几万赫兹的频率信号且连续可调的脉冲信号发生器。因此,只要控制输入电脉冲的数量及频率就可精确控制步进电动机的转角及转速。驱动装置由环行脉冲分配器、功率放大器等组成,如图 8-5 所示。

（1）环行脉冲分配器　环行脉冲分配器是用于控制步进电动机的通电方式,使步进电动机绕组的通电顺序按一定规律变化的部件。环行脉冲分配器分为软件环行分配器和硬件环行分配器两种。

（2）功率放大器　又称功率驱动器或功率放大电路。由于来自环行分配器的脉冲电流只有几毫安,而步进电动机的定子绕组需要几安培至几十安培,功率放大器的功能是将来自环行分配器的脉冲电流放大到足以驱动步进电动机旋转。步进电动机所使用的功率放大器有电压型和电流型。电压型有单电压型和双电压型(高低压型)。电流型有恒流驱动型、斩波驱动型等。

8.2.3　直流伺服电机驱动系统

前面介绍的步进电机多用于开环系统,系统精度较低。高精度的数控机床必须采用直流或交流闭环伺服驱动系统。

8.2.3.1　直流伺服电机

直流(DC)伺服电机在 20 世纪 70、80 年代的数控机床上占据着主导地位。小惯量直流伺服电动机具有可频繁启动、制动和快速定位与切削的特点。其主要缺点为结构较复杂,电刷和换向器需经常维护。大惯量(宽调速)直流伺服电机具有良好的调速性能、输出转矩大、过载能力强。

（1）小惯量直流电机　小惯量直流电机是由一般直流电机发展而来的。它与一般直流电机有两个主要区别,一个区别是其转子为光滑无槽的铁芯,用绝缘粘

合剂直接把线圈粘在铁芯表面,如图 8 - 6(a)所示。另一个区别是转子长而直径小,这是因为电机的转动惯量与转子直径的平方成正比,从减小惯量出发,细长的电枢可以得到较小的惯量。

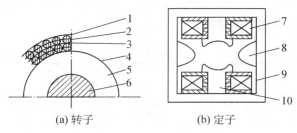

(a) 转子　　　　　　　　(b) 定子

1－B 级环氧无纬玻璃丝带　2-高强度漆包线　3-层间绝
缘　4-对地绝缘　5-转子铁芯　6-转轴　7-激磁线圈　8-船
形挡风板　9-机座壳　10-磁极

图 8 - 6　小惯量直流电机

小惯量直流电机的定子结构如图 8 - 6(b)所示,采用方形,提高了激磁线圈放置的有效面积,但由于无槽结构,气隙较大,激磁和线圈安匝数较大,故损耗大,发热厉害。为此,在极间安放船型挡风板,增加风压,使之带走较多的热量,并且线圈外不包扎而成赤裸线圈。

(2) 大惯量(宽调速)直流电机　小惯量直流电机是通过减少电机转动惯量来改善工作特性的,但正由于其惯量小,机床惯量大,必须经过齿轮传动,而且电刷磨损较快。而宽调速直流电机则是用提高转矩的方法来改善其性能,在闭环伺服系统中应用较广。

宽调速直流电机按激磁方法可分为电激磁和永久磁铁激磁两种。电激磁的特点是,激磁力大小易于调整,便于安排补偿绕组和换向器,所以电机换向性能好,成本低,可在较宽的范围内实现恒转矩调速。永久磁铁激磁一般无换向极和补偿绕组,其换向性能受到一定限制。但由于不需激磁功率,因此效率较高,电机低速时输出扭矩大,温升低,尺寸小,因而永久磁铁激磁结构用得较多。

8.2.4　交流伺服电机驱动系统

从 20 世纪 80 年代开始,交流伺服电动机开始引起人们的关注,近年来交流调速有了飞速的发展。交流电动机的可变速驱动系统已数字化,这使得交流电动机的大范围平滑调速成为现实,克服了其原有调速性能差的缺点,使其在调速性能上已可与直流电动机相媲美。同时其结构简单坚固,容易维护,转子的转动惯量可以设计得很小,可以经受高速运转等优点。因此,在当代的数控机床上,交流伺服系统得到了广泛的应用。

交流伺服电动机分为同步伺服电动机和异步式伺服电动机两大类型。同步型交流伺服电动机由变频电源供电时,可方便地获得与频率成正比的可变转速,可得到非常硬的机械特性及宽的调速范围。所以在数控机床的伺服系统中多采用永磁式交流同步型伺服电动机。

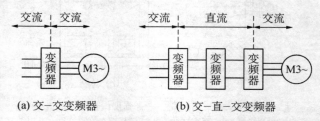

图 8 - 7 两种类型的变频器

对交流电动机实现变频调速的装置称为变频器,其功能是将电网电压提供的恒压恒频交流电变换为变压变频的交流电,以对交流电动机实现无级调速。变频器有交-交变频器与交-直-交变频器两大类,如图 8 - 7 所示。

8.3 数控机床的检测元件

8.3.1 检测元件概述

检测元件是数控机床伺服系统的重要组成部分。它的作用是检测位移、速度和位置,发送反馈信号,构成闭环控制。在设计数控机床,尤其是高精度或大中型数控机床时,必须选用检测元件。

检测元件的性能指标主要有精度、分辨率、灵敏度、测量范围和量程以及随时间和温度变化的漂移量。符合输出量与输入量之间特定函数关系的准确程度称作精度。数控机床的运动精度主要由检测装置的精度决定。位移检测系统能够测量的最小位移量称为分辨率。分辨率不仅取决于检测元件本身,也取决于测量线路。高的分辨率对提高系统性能指标、提高运行平稳性都很重要。

此外,数控机床对检测元件还要求高的可靠性和高的抗干扰性,使用维护方便,能适合机床运行环境及成本低等。

数控系统中的检测元件分为位移检测元件、速度检测元件和位置检测元件 3 种类型。数控机床常用的检测元件见表 8 - 1。

表 8-1　数控机床检测元件分类

分类		增量式	绝对式
位移检测元件	直线式	直线感应同步器、光栅尺、磁栅尺、激光干涉仪、霍尔传感器	三速感应同步器、绝对值磁尺、光电编码尺、磁性编码尺、磁性编码器
	回转式	脉冲编码器、旋转变压器、圆感应同步器、光栅角度传感器、圆光栅、圆磁栅	多极旋转变压器、绝对脉冲编码器、绝对值式光栅、三速圆感应同步器、磁阻式多极旋转变压器
速度检测元件		交、直流测速发电机、数字脉冲编码式速度传感器、霍尔速度传感器	速度-角度传感器、数字电磁传感器、磁敏式速度传感器
位置检测元件		霍尔电流传感器	

8.3.2　位移检测元件

数控机床伺服系统中采用的位移检测元件基本分为直线式和旋转式两大类。直线测量装置常用直线型检测元件直接测量工作台或刀架的直线位移,其测量精度主要取决于测量元件的精度,不受机床传动精度的影响。它的优点是直接反应工作台或刀架的直线位移量,缺点是测量装置要和行程等长,这对大型数控机床来说是一个很大的限制。间接测量使用回转型测量装置通过和工作台直线运动相关联的回转运动,间接测量工作台的直线位移。其测量精度取决于测量元件和机床传动链两者的精度。间接测量使用可靠方便,无长度限制,其缺点是测量信号加入了直线转变为回转运动的传动链误差,影响测量精度。

8.3.2.1　直线型检测装置

(1) 直线型感应同步器　感应同步器是一种电磁式的高精度位移检测元件,按其结构方式不同可分为直线式和旋转式两种。如图 8-8 所示,直线型感应同步器由相对平行移动的定尺 1 和滑尺 12 组成。定尺和滑尺之间保持约 0.25 mm 的均匀间隙,定尺固定在机床的静止部分,其表面制有连续绕组;滑尺可随机床运动部件移动,为了辨别运动方向,其绕组分为正弦绕组 11 和余弦绕组 10 两部分。以便输出相位差 90°的两个信号。工作时,给滑尺绕组通以交流电压,由于电磁感应在定尺绕组中产生感应电动势 e,其幅值和相位随滑尺和定尺之间相对位置的变化而变化,感应同步器就是利用这个感应电动势的变化进行测量。

感应同步器的测量精度,主要取决于定尺绕组沿长度方向的尺寸精度,使用感应同步器构成的闭环伺服系统能够使数控机床获得较高的加工精度,但要得到理想的测量效果,对机械部件及安装调试要求很高。为了防止油污和铁屑侵入划伤定尺

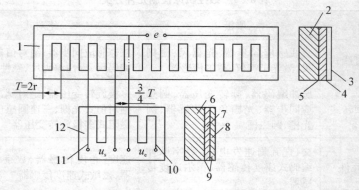

1-定尺　2、6-基板　3-耐切削液涂层　4、8-铜箔　5、9-绝缘粘结胶
7-铝箔　10-余弦励磁绕组　11-正弦励磁绕组　12-滑尺

图 8-8　直线型感应同步器示意图

和滑尺的绕组,造成短路,致使感应同步器损坏,对尺子的保护罩要求较高。

感应同步器的特点是精度高,工作可靠,抗干扰能力强,维护简单,寿命长,可测量长距离位置,成本低,易于成批生产。

(2) 光栅测量装置　光栅测量装置是一种非接触式测量,它将机械式位移或模拟量转变为数字脉冲,反馈给 CNC 装置,实现闭环位置控制。由于利用光路减少了机械误差,具有精度高,响应速度快等特点,因此是数控机床和数显系统常用的检测元件。图 8-9(a)所示是光栅测量系统,由照明系统 1、标尺光栅 2、指示光栅 3 和光电接受元件 4 组成。标尺光栅 2 又称为长光栅,固定在机床的移动部件上;指示光栅 3 和光电接受元件 4 装在机床的固定部件上,指示光栅 3 又称为短光栅,两块光栅互相平行并保持一定的距离。如图 8-9(b)所示,在一块长条形的光

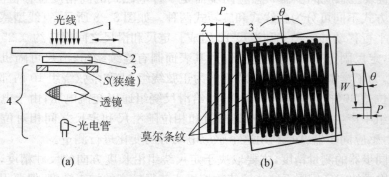

1-照明系统　2-标尺光栅　3-指示光栅　4-光电接受元件

图 8-9　光栅测量系统

学玻璃上均匀地刻划很多条和运动方向垂直的条纹,条纹之间的距离 P 称为栅距。栅距可以根据所需的精度来决定,一般是每毫米刻 50、100、200 条线 ($P =$ 0.02、0.01、0.005 mm)。

如果将指示光栅在自身的平面内转过一个很小的角度 θ,两块光栅的条纹刻线就会相交,其交点组成一条条黑色条纹,称之为莫尔条纹。因为两块光栅的刻线密度相等,即栅距 P 相等,而莫尔条纹的方向和刻线方向大致垂直,条纹宽度 $W = P/\sin\theta$。当 θ 很小时,可近似表示为 $W = P/\theta$。若栅距为 $P = 0.01$ mm,θ 为 0.01 rad,则可得到 $W = 1$ mm,即把光栅转换成放大 100 倍的莫尔条纹宽度。此外,由于莫尔条纹是由若干条线纹组成,例如对于栅距为 0.01 mm 的光栅,10 mm 长的一条莫尔条纹就由 1 000 条线纹组成,这样栅距之间的固有相邻误差就被平均化了。莫尔条纹的移动与光栅之间的移动成正比关系,当光栅移动一个栅距时,莫尔条纹也相应地移动一条条纹。若光栅向反方向移动。则莫尔条纹也相应向反方向移动。所以用莫尔条纹测量长度,决定其精度的要素不是一根线,而是一组线的平均效应,其精度比单纯光栅精度高,尤其是重复精度有显著的提高。

(3) 磁栅测量装置　磁栅测量装置是用电磁的方法计算磁波数目的一种位移检测元件,磁栅测量装置由磁性标尺,读取磁头和相位检测电路组成。磁性标尺是在非磁性材料的基体上,涂敷或镀上一层很薄的磁膜,然后由录磁机在使用位置上录磁,磁化信号可以是脉冲,也可以是正弦波或饱和磁波,磁化信号的节距一般有 0.05、0.1、0.2、1 mm 等几种。磁头是磁-电转换的变换器,它把反映空间位置的磁化信号检测出来,转换成电信号输送给检测电路,是磁尺测量装置中比较关键的元件。相位检测电路和感应同步器相似。

磁栅测量装置的特点是,容易制造,检测精度高,能达到每米长 $\pm 3~\mu$m。安装使用方便,对环境条件要求较低,若磁性标尺膨胀系数与机床一致,可在一般车间使用。由于磁头与磁栅为有接触的相对运动,因而有磨损,使用寿命受到一定的限制。一般使用寿命可达 5 年,涂上保护膜后寿命则延长。

8.3.2.2　旋转型位移检测装置

(1) 旋转变压器　旋转变压器是一种角位移检测元件,由定子和转子组成,分为有刷和无刷两种形式。有刷旋转变压器定子和转子均为两相交流分布绕组。绕组的轴线相互垂直,定子和转子铁心间有均匀的间隙,转子绕组的端点通过电刷和滑环引出。如图 8-10 所示,无刷旋转变压器没有电刷和滑环,由分解器 8 和变压器两部分组成,分解器结构与有刷旋转变压器相同。变压器的一次绕组 5 与转子轴 1 固定在一起。加在分解器定子绕组 3 上的励磁电压信号,通过转子线圈传到变压器的一次绕组 5,从变压器的二次绕组 7 输出最后信号。

数控机床检测装置主要使用无刷旋转变压器,因为无刷旋转变压器具有可靠

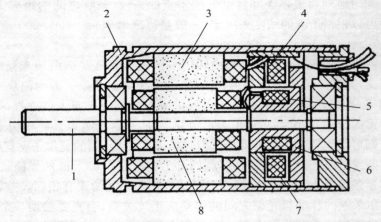

1-转子轴　2-壳体　3-分解器定子　4-变压器定子　5-变压器一次绕组
6-变压器转子　7-变压器二次绕组　8-分解器

图 8 - 10　无刷旋转变压器

性高,寿命长,体积小,不用维护以及输出信号大、抗干扰能力强等优点。在使用时,可将其轴与伺服电动机轴通过齿轮连接,根据机床传动丝杠的螺距不同,可选用不同齿数比的齿轮副,以保证机床的位移当量脉冲与数控输入单位一致。为使测量精度高,常采用升速传动。

(2) 脉冲编码器　脉冲编码器是把机械转角转化为电脉冲的一种常用角位移传感器。图 8 - 11(a)所示是增量式脉冲编码器原理图。图中 G_1 和 G_2 是光源,M_A、M_B 和 M_C 是光电元件,D 为腐蚀有透光窄缝的光电盘。安装时 M_A、M_B 错开 90°相位角。当光源发光后,每当光电盘转过一个节距时,就可从光电元件 M_A、M_B 上得到图 8 - 11(b)所示的光电波形。A、B 信号为具有 90°相位差的正弦波,经过放大整形,可得到图 8 - 11(c)中的方波,A 相比 B 相超前 90°。若输出方波 A 相超前 B 相时为正方向旋转,则 B 相超前 A 相时即为反方向旋转。利用 A、B 之间的相位关系即可鉴别编码器的旋转方向。

C 相产生的脉冲为基准脉冲。轴每转一转在固定位产生一个脉冲,用于机床参考点返回。每一个参考点的定位基准均是以编码器的 M_C 信号到达为止。

M_A、M_B 和 M_C 信号送入接收电路进行电平转换和消除干扰,经过处理后得到的位置反馈值去和插补器输出的指令值进行比较,然后进行位置控制,得到的电压模拟值在速度环中与指令电压比较,以实现对速度的控制。

数控系统中应用的脉冲编码器,有每转产生 2 000、2 500、3 000、4 000 脉冲等几种。最高转速达到 2 000 r/min。应根据数控机床滚珠丝杠的螺距来选用不

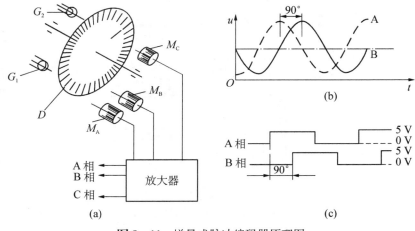

图 8-11 增量式脉冲编码器原理图

同型号的脉冲编码器。

与脉冲编码器相同的有手摇脉冲发生器,它每转发出脉冲数是 1 000 个。每个脉冲当量为 1 μm。其作用相当于普通机床的手轮。摇动它可使机床手动移动。

8.3.2.3 速度检测元件

数控机床的速度检测元件用来精确控制转速。转速检测元件常用交、直流测速发电机,也可用数字脉冲编码式速度传感器、霍尔速度传感器及数字电磁传感器等。

测速发电机是速度反馈元件,相当于一台永磁式直流电机。它由定子和转子组成,转子安装在被控直流电机转子轴尾部并随同转动,产生直流电压经电刷输出。这个电压正比于伺服电动机转速,把这个电压送往直流电机的速度环的输入端,用以控制直流电动机的运转速度。

8.3.2.4 位置检测元件

位置传感器所测量的不是一段距离的变化量,而是通过检测,确定是否已到达某一位置。因此,它不需要产生连续变化的模拟量,只需要产生能反映某种状态的开关量就可以了。这种传感器常用于数控机床换刀具、工件或工作台到位或行程限制等辅助机能的信号检测。位置传感器分接触式和接近式两种。

(1)接触式位置传感器 接触式传感器是能获取两个物体是否接触之信息的一种传感器。这类传感器用微动开关之类的触点器件便可构成。图 8-12(a~c)所示是几种不同构造的微动开关位置传感器。图 8-12(d)是几种二维矩阵式位置传感器。一般用于机械手掌内侧,在手掌内侧常安装有多个二值触觉传感器,

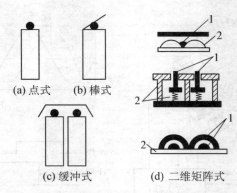

(a) 点式　　(b) 棒式

(c) 缓冲式　　(d) 二维矩阵式

1—柔软电极　2—柔软绝缘体

图 8-12　接触式位置传感器

用以检测自身与某一物体的接触位置。

（2）接近式位置传感器　接近式传感器用来判别在某一范围内是否有某一物体的一种传感器。接近式位置传感器有电磁式、光电式、静电容式、气压式和超声波式等 5 种形式,基本工作原理可用图 8-13 表示。

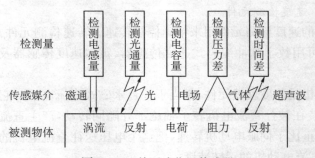

图 8-13　接近式位置传感器

① 电磁式传感器:这是用得最多的接近式位置传感器。当一个永久磁铁或一个通有高频电流线圈接近一个铁磁体时,它们的磁力线分布将发生变化。因此,可以用另一组线圈检测这种变化。当铁磁体靠近或远离磁场时,它所引起的磁通量变化将在线圈中感应出一个电流脉冲,其幅值正比于磁通的变化。显然,电磁感应传感器只能检测电磁材料,对其他非电磁材料则无能为力。

② 光电式传感器:这种传感器具有体积小、可靠性高、检测位置精度高、响应速度快、易与 TTL 及 CMOS 电路并容等优点。它分透光型和反射型两种。

在透光型光电传感器中,发光器件和受光器件相对放置,中间留有间隙,当被测物体到达这一间隙时,发射光被遮住,接收器件(光敏元件)便可检测出物体已经达到。图 8 - 14(a)所示是透光型传感器的接口电路。在反射型光电传感器中,发出的光经被测物体反射后再落到检测器件上。它的基本情况大致与透光型传感器相似,但由于是检测反射光,所以得到的输出电流 I_0 较小。另外,对于不同的物体表面,信噪比也不一样,因此,设定限幅电平就显得非常重要。图 8 - 14(b)所示是反射型传感器的接口电路。

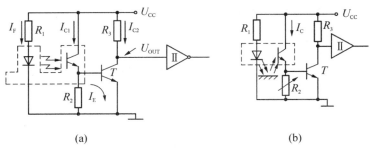

(a)　　　　　　　　　　(b)

图 8 - 14　光电式传感器的接口电路

③ 霍尔元件:霍尔元件是一种半导体磁电转换元件,如图 8 - 15 所示,一般由锗(Ge)、锑化铟(InSb)、砷化铟(InAs)等半导体材料制成。其工作原理是,将元件置于磁场中,如果 a、b 端通以电流 I,在 c、d 端就会出现电位差 V_H,这种现象称为霍尔效应。将小磁体固定在运动部件上,当部件靠近霍尔元件时,便会产生霍尔效应,利用电路检测出电阻电位差信号,便能判断物体是否到位。

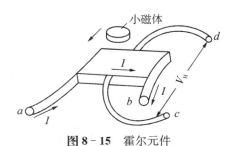

图 8 - 15　霍尔元件

复习思考题

1. 数控系统的功能有哪些?

2. 计算机数控系统的基本硬件结构由哪些部分组成? 各有什么作用?

3. 数控机床的进给伺服系统由哪些部分组成? 各有什么作用?

4. 开环伺服系统由哪些部分所组成? 如何计算脉冲当量? 简述其工作原理。

5. 大惯量(宽调速)直流电机调速系统有什么特点?

6. 交流电动机实现变频调速的装置称为什么？有哪几种类型？

7. 在伺服系统中，常用的位置检测元件有几种？各有什么特点？

8. 位置传感器与位移传感器有什么区别？有哪几种类型？

第❾章

数控机床的机械结构

9.1 数控机床的主传动系统及主轴部件

9.1.1 对数控机床主传动系统的要求

数控机床是高效率的机床,它的加工精度决定了零件的加工精度,因此它的主传动系统必须满足如下要求:

(1)调速范围广并可实现无级调速　数控机床的主传动系统要有较宽的转速范围及相应的输出力矩,一般变速范围要大于100,以保证加工时能选用合理的切削用量,从而获得最佳的生产率和表面质量。同时数控机床还应能够进行大功率切削和高速切削,以实现高效率加工。现代数控机床的主传动电动机已不再采用普通的交流异步电动机或传统的直流调速电动机,一般采用直流或交流主轴电动机。这种电动机调速范围广,可实现无级调速,并可使主轴箱结构简化。

(2)主轴变速迅速可靠　数控机床的变速是按照控制指令自动进行的,因此变速机构必须适应自动操作的要求。由于数控机床主传动系统采用了可实现无级调速的电动机,机械变速档一般采用液压缸推动滑移齿轮或电磁离合器实现,因此变速稳定可靠。

(3)良好的回转精度、结构刚度和抗振性　数控机床在加工时,主轴部件直接装夹刀具对工件切削,对加工质量及刀具寿命有很大影响,并且在加工过程中不进行人工调整,因此主轴部件必须具有良好的回转精度;由于断续切削、加工余量不均匀、运动部件不平衡以及切削过程中的自振等原因引起的冲击力和交变力的干扰,可能会使主轴产生振动、影响加工精度和表面粗糙度,严重时甚至可能破坏刀具和主轴系统中的零件,使其无法工作。因此要求机床要有良好的结构刚度和抗振性。为此,主轴组件要有较高的固有频率,实现动平衡,保持合适的配合间隙。

(4) 良好的热稳定性 数控机床主轴转速、进给速度远高于普通机床,电动机、轴承、液压系统等热源散发的热量,切屑及刀具与工件的相对运动的摩擦产生的热量,通过传导、对流、辐射等方式传递给机床各个部件,引起温升,产生膨胀。由于热源分布不均,散热性能不同,导致主传动系统各部分温升不一致,因而产生不均匀的热膨胀变形,以至于影响刀具和工件的正确相对位置,影响了加工精度。为此要采取减少热变形的措施,如改进机床布局和结构及加强冷却和润滑等。

9.1.2 主传动系统的配置方式

根据数控机床的类型与大小,其主传动主要有以下几种形式:

(1) 带有定比同步齿形带传动的主传动 主轴电动机经过定比同步齿形带传动传递给主轴,如图 9-1(a)所示,也有采用齿轮传动的,适用于高速、低转矩特性的主轴。电动机本身的调速就能够满足要求,且带传动平稳,噪声低,结构简单,安装调试方便。这种传动主要应用在转速高、变速范围不大的数控机床上。

(2) 由主轴电动机直接驱动的主传动 采用内装电动机,即主轴与电动机转子合二为一,如图 9-1(b)所示。这种方式大大简化了主轴箱结构,有效地提高了主轴刚度,但主轴输出扭矩小,且电动机的发热对主轴精度影响较大,因此使用受到限制。

(3) 用两个电动机分别驱动的主传动 如图 9-1(c)所示,高速时由电动机 1 通过同步齿形带传动使主轴旋转,传动平稳;低速时,电动机 2 通过二级齿轮降速,扩大变速范围,使恒功率区增大,克服了低速时转矩不够且电动机功率不能充分利用的缺陷,但结构较为复杂。

(4) 带有变速齿轮的主传动系统 如图 9-1(d)所示,使用双联滑移齿轮实现二级变速。由于现代数控机床使用可无级调速的电动机,所以经过齿轮变速后可实现分段无级变速,扩大了调速范围。又可以通过降速传动扩大输出扭矩,满足主轴低速时对输出扭矩特性的要求。滑移齿轮的移位大都采用液压缸加拨叉,或者直接由液压缸带动齿轮来实现。大、中型数控机床常采用这种形式。

(5) 车削中心的主传动系统 车削中心的主传动系统与数控车床基本相同,只是增加了主轴的 c 轴坐标功能,以实现主轴的定向停车和圆周进给,并在数控装置控制下实现 c 轴、z 轴联动插补,或 c 轴、x 轴联动插补,以进行圆柱面上或端面上任意部位的钻削、铣削、攻螺纹及曲面的加工。c 轴传动有多种结构形式。图 9-2所示为 MOC200MS3 车削柔性加工单元的 c 轴传动及主传动的传动示意图。

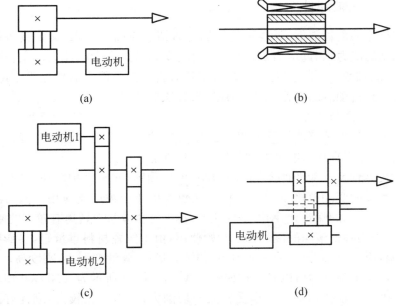

图 9 - 1　主传动的配置方式

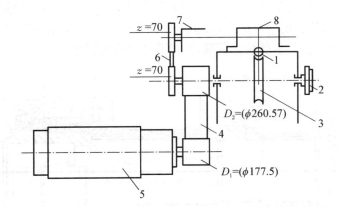

1-蜗杆　2-主轴　3-蜗轮　4-齿形带　5-主轴电动机　6-同
步齿形带　7-脉冲编码器　8-C 轴伺服电机

图 9 - 2　车削中心的 C 轴传动及主传动的传动示意

c 轴分度采用可啮合和脱开的精密蜗杆蜗轮副结构,由伺服电动机驱动蜗杆 1 及主轴上的蜗轮 3,当机床处于铣削和钻削状态时,即主轴需通过 c 轴回转或分度时,蜗杆与蜗轮啮合。c 轴的分度精度由脉冲编码器 7 保证,分度精度为 $0.01°$。

9.1.3 主轴部件结构

数控机床的主轴部件,既要满足精加工时精度较高的要求,又要具备粗加工时高效切削的能力,因此应有更高的动、静刚度和抵抗变形的能力。主轴部件主要包括主轴、轴承、传动件和密封件,对于具有自动换刀能力的数控机床,主轴部件还应有刀具自动装卸装置、主轴准停装置和吹屑装置等。

9.1.3.1 主轴的支承

主轴轴承是主轴部件的重要组成部分,它的类型、结构、配置、精度、安装、调整、润滑和冷却都直接影响了主轴部件的工作性能。

(1)滚动轴承 滚动轴承摩擦阻力小,可以预紧,润滑维护简便,能在一定的转速范围和载荷变动范围下稳定工作。在数控机床上被广泛应用。但与滑动轴承相比,滚动轴承的噪音大,刚度是变化的,抗振性稍差且对转速有较大的限制。

近来,采用陶瓷滚珠的滚动轴承开始使用,由于陶瓷材料重量轻,热膨胀系数小,耐高温,所以离心力小,动摩擦力小,预紧力稳定,弹性变形小,刚度高。

数控机床主轴支承可以有多种配置形式。图9-3所示为TND360型车床主轴部件。因为主轴在切削时要承受较大的切削力,所以轴径较大,刚性好。前轴承为3个推力角接触球轴承,前面两个轴承大口朝向主轴前端,接触角为25°,以承受轴向切削力;后面轴承大口朝向主轴后端,接触角为14°,3个轴承的内外圈轴向由轴肩和箱体孔的台阶固定,以承受轴向负荷。后支承由一对背靠背的推力角接触球轴承组成,只承受径向载荷,并由后压套进行预紧。

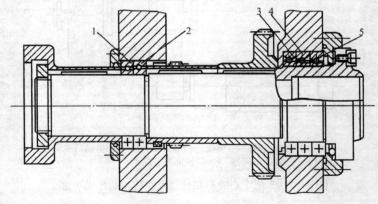

1、2-后轴承 3、4、5-前轴承

图9-3 TND360型车床主轴部件

(2)静压滑动轴承 静压滑动轴承的油膜压强由外界液压系统供给,与转速的高低无关。它的承载能力不随转速变化而变化,而且无磨损,启动和运转时的摩擦阻力矩相同,因此滑动轴承的刚度大,回转精度高。但静压轴承需要一套液压装置,成本较高。

液体静压轴承装置主要由供油系统、节流器和轴承 3 部分组成,其工作原理如图 9-4 所示。在轴承的内圆柱表面上,对称地开了 4 个矩形油腔 2 和回油槽 5,油腔与回油槽之间的圆弧面 4 成为周向封油面,封油面与主轴之间有 0.02~0.04 mm 的径向间隙。系统的压力油经各节流器降压后进入各油腔。在压力油的作用下,将主轴浮起而处在平衡状态。油腔内的压力油经封油边流出后,流回油箱。当轴受到外部载荷 F 的作用时,主轴轴颈产生偏移,上下油腔的回油间隙发生变化,上腔回油量增大,而下腔回油量减少。根据液压原理中节流器的流量 q 与节流器两端的压强差 p 之间的关系式 $q = Kp$ 可知,当节流器进口油的压强保持不变时,流量的改变,节流器出油口的压强也随之改变。因此,上腔压强 p_1 下降,下腔压强 p_3 增大,若油腔面积为 A,当 $A(p_3 - p_1) = F$ 时,平衡了外部载荷 F。这样主轴轴心线始终保持在回转中心轴线上。

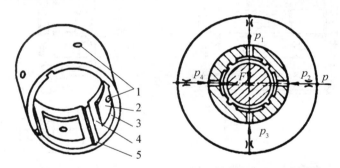

1-进油孔　2-油腔　3-轴向封油面　4-周向封油面　5-回油槽

图 9-4　静压轴承

(3) 磁力轴承　磁力轴承是利用电磁力使主轴悬浮在磁场中,使其具有无摩擦、无磨损、无需润滑、发热少、刚度高、工作时无噪声等优点,非常适合高速切削的主轴。主轴的位置用非接触传感器测量,信号处理器则根据测量值以每秒 10 000 次的速度计算出校正主轴位置的电流值。如图 9-5 所示是一种采用的是激磁式磁力轴承的内装高频电动机的主轴部件。

9.1.3.2　自动定心液压动力卡盘

为了减少辅助时间和劳动强度,并适应自动化和半自动化加工的需要,数控车床多采用动力卡盘装夹工件,目前使用较多的是自动定心液压动力卡盘。

图 9-6 所示为液压动力卡盘结构,该卡盘主要由引油导套、液压缸和卡盘 3

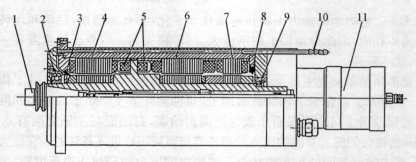

1-刀具系统　2、9-轴承　3、8-传感器　4、7-径向磁力轴承　5-轴向止推轴承
6-高频电动机　10-冷却水管路　11-气液压力放大器

图 9-5　用磁力轴承的高速主轴部件

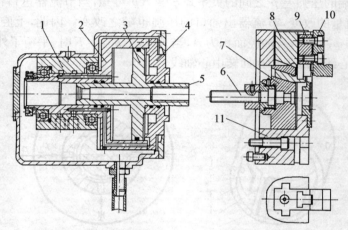

1-引油导套　2-回转液压缸体　3-活塞　4-法兰盘　5-活塞杆　6-拉
杆　7-滑体　8-卡爪滑座　9-T形滑块　10-卡爪　11-盘体

图 9-6　自动定心液压动力卡盘

部分组成。卡盘通过盘体 11 及过渡法兰安装在机床主轴上。回转液压缸体 2 通
过法兰盘 4 及连接件固定在主轴尾部,随主轴一起旋转。引油导套 1 固定在动力
卡盘的壳体上,通过前后滚珠轴承支承液压缸转动。当程序段指令发出夹紧或松
开控制信息后,液压系统控制活塞产生轴向位移,再通过活塞杆 5 和与之连接的
拉杆 6 使滑体 7 轴向移动。卡爪滑座 8 和滑体 7 是以斜楔接触,当滑体 7 轴向移
动时,卡爪滑座 8 可在盘体 11 上的 3 个 T 形槽内作径向移动。卡爪 10 用螺钉与
T 形滑块 9 紧固在卡爪滑座 8 的齿面上,与卡爪滑座构成一个整体。当卡爪滑座
作径向移动时,卡爪 10 将工件夹紧或松开。根据需要夹紧工件的直径大小,改变
卡爪 10 在齿面上的位置,即可完成夹紧调整。这种液压动力卡盘夹紧力较大,性

能稳定,适用于强力切削和高速切削,其夹紧力可以通过液压系统进行调整,因此,能够适应包括薄壁零件在内的各类零件加工。这种卡盘还具有结构紧凑,动作灵敏等特点。

9.1.3.3 刀具自动夹紧装置

在带有刀库的数控机床中,为了实现刀具的自动装卸,主轴内设有刀具自动夹紧装置。

图9-7所示为自动换刀数控铣镗床的主轴部件,其主轴前端的7:24锥孔用于装夹锥柄刀具或刀杆。主轴的端面键可用于传递刀具的扭矩,也可用于刀具的周向定位。在自动交换刀具时要求能自动松开和夹紧刀具。图示为刀具的夹紧状态,碟形弹簧11产生的约10 000 N推力,通过拉杆7、双瓣卡爪5和套筒14的作用,将刀柄的尾端拉紧。当要求松开刀柄时,在主轴上端油缸的上腔A通入压力油,活塞12的端部推动拉杆7向下移动,同时克服碟形弹簧11的推力,当拉杆7下移到使双瓣卡爪5的下端移出套筒14时,在弹簧6的作用下,卡爪张开,喷气头13将刀柄顶松,刀具即可由机械手拔除。待机械手将新刀装入后,油缸10的下腔通入压力油,活塞12向上移,碟形弹簧伸长将拉杆7和双瓣卡爪5拉着向上,双瓣卡爪5重新进入套筒14,将刀柄拉紧。活塞12移动的两个极限位置都有相应的行程开关(LSl、LS2)作用,作为刀具松开和夹紧的回答信号。

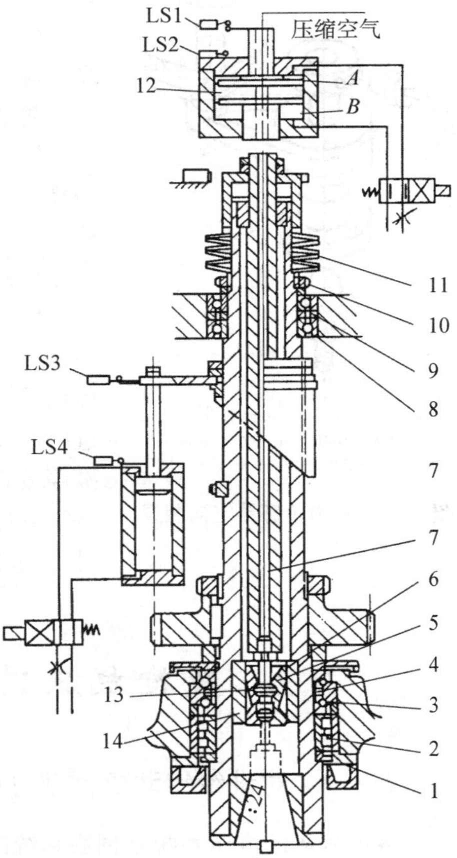

1-调整半环 2-双列圆柱滚子轴承 3-双向向心球轴承 4、9-调整环 5-双瓣卡爪 6-弹簧 7-拉杆 8-向心推力球轴承 10-油缸 11-碟形弹簧 12-活塞 13-喷气头 14-套筒

图9-7 刀具自动夹紧装置

9.1.3.4 主轴准停装置

主轴准停功能又称主轴定位功能,即主轴停止时控制其停在固定的位置。这是换刀所必需的功能,因为每次换刀时都要保证刀具锥柄处的键槽对准主轴上的

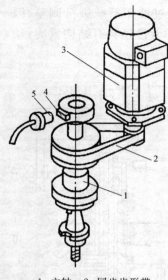

1—主轴　2—同步齿形带
3—主轴电动机　4—永久磁铁
5—磁传感器

图 9-8　磁力传感器定向装置

端面键,也要保证在精镗孔完毕退刀时不会划伤已加工表面。准停装置分为机械式和电气式两种。现代数控机床一般都采用电气式主轴准停装置,只要数控系统发出指令信号,主轴就可以准确定位。

较常用的电气方式有两种,一种是利用主轴上光电脉冲发生器的同步脉冲信号;另一种是利用磁力传感器检测定向。图 9-8 所示为利用磁力传感器检测定向的工作原理,在主轴上安装有一个永久磁铁 4 与主轴一起旋转,在距离永久磁铁 4 旋转轨迹外 1~2 mm 处,固定有一个磁传感器 5,当机床主轴需要停车换刀时,数控装置发出主轴停转的指令,主轴电动机 3 立即降速,使主轴以很低的转速回转,当永久磁铁 4 对准磁传感器 5 时,磁传感器发出准停信号。此信号经过放大后,由定向电路使电动机进行制动,准确地停止在规定的周向位置上。这种准停装置机械结构简单,发磁体与磁传感器间没有接触摩擦,准停的定位精度能满足一般换刀要求,而且定向时间短,可靠性较高。

9.2　数控机床进给系统的机械元件

9.2.1　对进给传动机械部分的要求

数控机床的进给系统是伺服系统的主要组成部分,其功能是将伺服电动机的旋转运动转变为执行部件的直线运动或回转运动。由于数控机床的进给运动是数字控制的直接对象,被加工工件的最终位置精度和轮廓精度都受进给运动的传动精度、灵敏度和稳定性的影响。因此,对数控机床进给系统的机械部分有如下要求:

(1) 传动精度和刚度要高　传动精度是指伺服系统的输入量与驱动装置实际位移量的精确程度。从机械方面考虑,进给系统的传动精度和刚度主要取决于传动间隙、传动装置及其支承结构的精度和刚度。因此,进给系统广泛采用精密的滚珠丝杠螺旋副,采取施加预紧力或其他消除间隙的措施,和提高各个零件的精度、刚度以及对丝杠螺母副、支承部件施加预紧力来提高传动精度和刚度。

（2）高的灵敏度 灵敏度即动态响应特性，是指系统的响应时间以及驱动装置的加速能力。在数控机床的进给系统中，普遍采用滚珠丝杠螺母副、静压丝杠螺母副、减摩滑动导轨、滚动导轨及静压导轨来减小运动件间的摩擦阻力和动、静摩擦力之差，从而提高系统的灵敏度。

（3）稳定性好 系统的稳定性是指系统在起动状态或受外界干扰作用下，经过几次衰减振荡后，能迅速地稳定在新的或原来的平衡状态的能力。稳定性与系统的惯性、刚性、阻尼等有关。进给系统中每个零件的惯量对伺服系统的起动和制动特性都有直接影响，特别是高速运动的零件，在满足强度和刚度的前提下，应尽可能减小执行部件的质量，减小旋转零件的直径和质量，合理地配置各元件，以减小运动部件的惯量。数控机床的进给系统要有适度阻尼，阻尼虽然会降低系统的灵敏度，但可增加系统的稳定性，适度的阻尼可保证运动部件抗干扰的能力。

9.2.2 滚珠丝杠螺母副的结构

滚珠丝杠螺母副是数控机床理想的将回转运动转换为直线运动的传动装置，它的结构特点是，在具有螺旋槽的丝杠螺母间装有滚珠作为中间传动元件，以减少摩擦。工作原理如图9-9所示。在丝杠和螺母上都加工有半圆弧形的螺旋槽，把它们套装在一起便形成了滚珠的螺旋滚道。螺母上有滚珠回路管道，将螺旋滚道的两端连接在一起构成封闭的循环滚道，在滚道内装满滚珠。当丝杠旋转时，滚珠在滚道内既自转又沿滚道循环转动，迫使螺母（或丝杠）轴向移动。

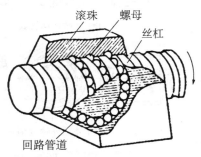

图9-9 滚珠丝杠副的工作原理

滚珠丝杠螺母副的优点是，传动效率高，传动效率 $\eta = 0.92 \sim 0.96$，所需传动转矩小；磨损小，寿命长，精度保持性好；灵敏度高，传动平稳，不易产生爬行；丝杠和螺母之间可通过预紧和间隙消除措施提高轴向刚度和反向精度；运动具有可逆性，不仅可将旋转运动变成直线运动，也可将直线运动变成旋转运动。缺点是，制造工艺复杂，成本高；在垂直安装时不能自锁，需附加制动机构。常用的制动方法有超越离合器、电磁摩擦离合器或者使用具有制动装置的伺服驱动电机。

滚珠丝杠螺母副的结构与滚珠的循环方式有关，滚珠的循环方式分为外循环和内循环两种。滚珠在返回过程中与丝杠脱离接触的为外循环；滚珠在循环过程中与丝杠始终接触的为内循环。

（1）外循环滚珠丝杠副 根据滚珠循环时的返回方式不同，外循环滚珠丝杠

副又分为插管式和螺旋槽式两种,如图 9-10 所示。外循环插管式用弯管作为返回管道,这种形式结构工艺性好,但管道突出螺母体外,径向尺寸较大。外循环螺旋槽式是在螺母外圆上铣出螺旋槽,槽的两端钻出通孔并与螺纹滚道相切,形成返回通道。这种形式的结构比插管式的结构径向尺寸小,但制造较为复杂。

(2) 内循环滚珠丝杠副 如图 9-10(c)所示。在螺母的侧孔中装有圆柱凸键反向器,反向器上铣有 S 形回珠槽,将相邻螺纹滚道连接起来,滚珠从螺纹滚道进入反向器,借助反向器迫使滚珠越过丝杠牙顶进入相邻滚道,实现循环。一般一个螺母上装有 2～4 个反向器,反向器沿螺母圆周均布。这种结构径向尺寸紧凑,刚性好,且不易磨损,因返程滚道短,不易发生滚珠堵塞,摩擦损失小。但反向器结构复杂,制造困难,且不能用于多头螺纹传动。

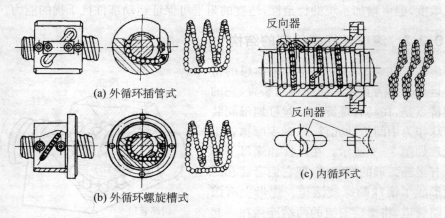

(a) 外循环插管式

(b) 外循环螺旋槽式

(c) 内循环式

图 9-10 滚珠丝杠螺母副的结构

9.2.3 滚珠丝杠副轴向间隙的调整

滚珠丝杠的传动间隙是轴向间隙。为了保证反向传动精度和轴向刚度,必须消除轴向间隙。用预紧方法消除间隙时应注意,预加载荷要能够有效地减少弹性变形所带来的轴向位移,但预紧力不宜过大,过大的预紧载荷将增加摩擦力,使传动效率降低,缩短丝杠的使用寿命。所以,一般需要经过多次调整才能保证机床在适当的轴向载荷下既消除了间隙又能灵活转动。常用的消除轴向间隙的方法有以下几种:

(1) 双螺母垫片调隙式 如图 9-11 所示,螺母 1 和螺母 2 之间放入一调整垫片 3,调整垫片厚度使左右两螺母产生方向相反的位移,使两个螺母中的滚珠分别贴紧在螺旋滚道的两个相反的侧面上,即可消除间隙和产生预紧力。这种方法结构简单,刚性好,但调整不便,滚道有磨损时不能随时消除间隙和预紧,调整精度不高,仅适用于一般精度的数控机床。

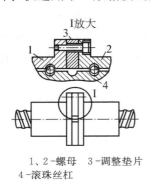

1、2-螺母　3-调整垫片
4-滚珠丝杠

图 9 - 11　双螺母垫片调隙式

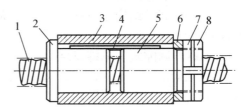

1-滚珠丝杠　2、5-左、右螺母　3-螺母座
4-平键　6-垫片　7、8-圆螺母

图 9 - 12　双螺母螺纹调隙式

(2) 双螺母螺纹调隙式　如图 9 - 12 所示,螺母 2 外端有凸缘,螺母 5 右端加工有螺纹,用两个圆螺母 7、8 把垫片 6 压在螺母座 3 上,左右两螺母通过平键 4 和螺母座 3 连接,使两螺母在螺母座 3 内可以轴向相对滑移但不能相对转动。调整时,拧紧圆螺母 7 使螺母 5 向右滑动,就改变了两螺母的间距,即可消除间隙并产生预紧力,然后用螺母 8 锁紧。这种调整方法结构简单紧凑,工作可靠,调整方便,应用较广,但调整预紧量不能控制。

(3) 双螺母齿差调隙式　如图 9 - 13 所示,在左螺母 1 的凸缘上加工有齿数为 z_1 的圆柱外齿轮,在右螺母 2 的凸缘上加工有齿数为 z_2 的圆柱外齿轮,z_1 与 z_2 分别与紧固在螺母座 4 两端的内齿圈 z_1' 与 z_2' 相啮合,使左、右两螺母不能转动。z_1 与 z_2 相差一个齿数。调整时,先取下内齿圈 z_1' 与 z_2',让两个螺母相对于螺母座同方向都转动一个齿或几个齿,然后再插入内齿圈 z_1' 与 z_2' 并紧固在螺母座上,则两个螺母便产生角位移,使两个螺母轴向间距改变,实现消除间隙和预紧。设滚珠丝杠的导程为 P,两个螺母相对于螺母座同方向转动一个齿后,其轴向位移量

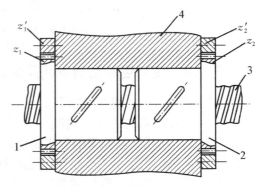

1、2-左右螺母　3-滚珠丝杠　4-螺母座

图 9 - 13　双螺母齿差调隙式

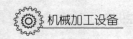

$$S = \left(\frac{1}{z_1} - \frac{1}{z_2} \right) P$$

例如，$z_1 = 99$，$z_2 = 100$，滚珠丝杠的导程 $P = 10\,\text{mm}$ 时，则 $S = 10/9\,900 \approx 0.001(\text{mm})$，若间隙量为 $0.003\,\text{m}$，则相应的两螺母沿同方向转过 3 个齿即可消除间隙。齿差调隙式的结构较为复杂，尺寸较大，但是调整方便，可获得精确的调整量，预紧可靠不会松动，适用于高精度传动。

（4）单螺母调隙式　单螺母结构如图 9 − 14 所示。螺母 3 在专业生产工厂完成精磨之后，沿径向开一窄槽 2，通过内六角调整螺钉 1 实现间隙的调整和预紧。单螺母结构不仅具有很好的性能价格比，而且间隙的调整和预紧极为方便。

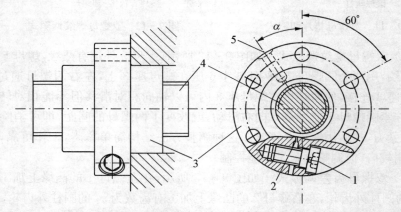

1-内六角调整螺钉　2-窄槽　3-螺母　4-滚珠丝杠　5-润滑油口

图 9 − 14　单螺母调隙式

9.2.4　传动齿轮副齿侧间隙的消除

在步进电机和小惯量伺服电机进给系统中，由于机床惯量大，必须要用齿轮传动。当数控机床的进给方向改变时，传动齿轮的齿侧间隙会造成指令脉冲丢失，并产生反向死区从而影响加工精度，因此必须采取措施消除齿轮传动时的间隙。齿侧间隙的消除主要有刚性调整法和柔性调整法两种。

（1）刚性调整法　刚性调整法是指调整后齿侧间隙不能自动补偿的调整方法，对齿轮的周节公差及齿厚要严格控制，否则会影响传动的灵活性。常见的有以下几种方法。

① 偏心套调整法：如图 9－15 所示，电动机 1 通过偏心套 2 装到箱体 3 上，转动偏心套使主动齿轮 z_1 轴线的位置上下改变，而从动齿轮 z_2 轴线位置固定不变，所以通过转动偏心套 2 就可调节两啮合齿轮的中心距 A，从而消除齿侧间隙。

② 轴向垫片调整法：如图 9－16（a）所示，用轴向垫片消除直齿圆柱齿轮传动间隙。两个啮合着的齿轮 1 和 2 的节圆直径沿齿宽方向制成略带锥度的形式，使其齿厚沿轴线方向逐渐变厚。调整间隙时，改变调整垫片 3 的厚度，使两齿轮在轴向上相对移动，从而

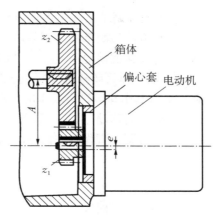

图 9－15　偏心套调整法

消除齿侧间隙。如图 9－16（b）所示，用轴向垫片消除斜齿圆柱齿轮的传动间隙。两薄斜齿轮 3 和 4 的齿形拼装在一起加工，装配时在两薄片齿轮间装入一定厚度的垫片 2，使它的螺旋线错开，这样两薄片齿轮分别与宽齿轮 1 的左、右齿面贴紧，消除了间隙。垫片 2 的厚度 t 与齿侧间隙 Δ 的关系可用下式表示 $t = \Delta\cos\beta$。这种调整方法结构比较简单，具有较好的传动刚度。

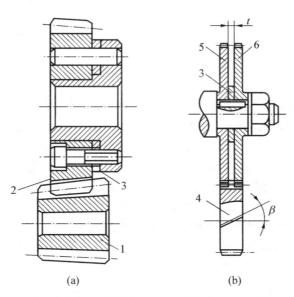

（a）　　　　　　　　　　　（b）

1、2-小锥度齿轮　3-调整垫片　4-宽斜齿轮　5、6-薄斜齿轮

图 9－16　轴向垫片调整法

（2）柔性调整法　柔性调整法是指调整之后齿侧间隙仍可自动补偿的调整法。这种方法一般都采用调整压力弹簧的压力来消除齿侧间隙,并在齿轮的齿厚和周节有变化的情况下,也能保持无间隙啮合。

① 轴压弹簧调整法:如图 9 - 17 所示。其中图 9 - 17(a)为两个啮合着的锥齿轮 1 和 2,其中在装锥齿轮 1 的传动轴 5 上装有压簧 3,锥齿轮 1 在弹簧力的作用下可稍做轴向移动,从而消除间隙。弹簧力的大小由螺母 4 调整。图 9 - 17(b)为用碟形弹簧调整直齿圆柱齿轮的啮合间隙。

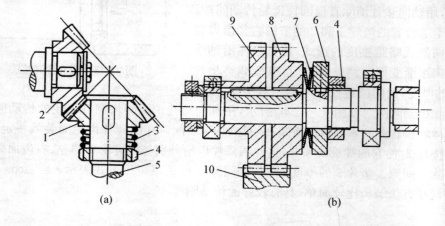

（a）　　　　　　　　　　　　　　（b）

　　1、2-锥齿轮　3-弹簧　4-螺母　5-传动轴　6-垫片　7-碟形弹簧　8、9-薄斜齿轮
10-宽斜齿轮

图 9 - 17　轴压弹簧调整法

② 周向弹簧调整法:如图 9 - 18(a)所示用周向弹簧调整直齿圆柱齿轮的齿侧间隙。两个齿数相等的薄片齿轮 1 和 2 与另一宽齿轮啮合,齿轮 1 空套在齿轮 2 上,可以相对转动。每个齿轮端面分别均匀装有四个螺纹凸耳 3 和 8,齿轮 2 的端面有 4 个通孔,凸耳 8 可以从中穿过,弹簧 4 分别勾在调节螺钉 7 和凸耳 3 上。旋转螺母 5 和 6 可以调整弹簧 4 的拉力,弹簧的拉力可以使薄片齿轮错位,即两片薄齿轮的左、右齿面分别与宽齿轮轮齿齿槽的左、右贴紧,从而消除齿侧间隙。如图 9 - 18(b)所示用周向弹簧调整圆锥齿轮的齿侧间隙。将一对啮合的锥齿轮中的一个齿轮做成大小两片 1 和 2,在大片上制有 3 个圆弧槽,在小片上制有 3 个凸爪 6,凸爪 6 伸入大片的圆弧槽中。弹簧 4 的一端顶在凸爪 6 上,另一端顶在镶块 3 上。为了安装方便,用螺钉 5 将大小片齿圈相对固定,安装完毕后再将螺钉卸去,利用弹簧力使大小片锥齿轮稍微错开,消除间隙。

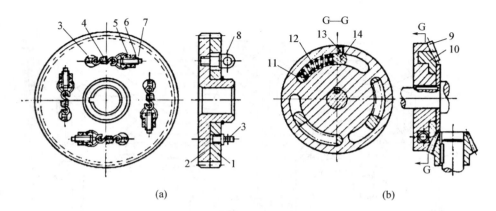

(a)　　　　　　　　　　　　(b)

1、2-薄片齿轮　3、8-螺纹凸耳　4-弹簧　5、6-螺母　7-调节螺钉　9-大锥齿轮外圈
10-大锥齿轮内圈　11-镶块　12-弹簧　13-螺钉　14-凸爪

图 9－18　周向弹簧调整法

9.2.4　回转工作台

数控机床的进给运动,除了沿 X、Y、Z 坐标的直线进给运动外,还可以有绕 X、Y、Z 轴的圆周进给运动,这可以用回转工作台实现。此外,还利用分度或回转工作台来改变工件相对于主轴的位置,以便分别加工工件各个表面。数控机床中常用的回转工作台有分度工作台和数控回转工作台。

9.2.4.1　分度工作台

分度工作台只能分度。它是按照数控系统的指令,在需要分度时将工作台连同工件回转一定的角度;有时也可采用手动分度。分度工作台一般只能回转规定的度数,如 45°、60°或 90°等。分度工作台按定位机构的不同,可分为多齿盘式和定位销式两种。多齿盘式分度工作台是目前用得较多的一种精密的分度定位机构,可与数控机床做成整体的,也可以作为附件使用。

多齿盘式分度工作台主要由工作台面、底座夹紧油缸、分度油缸及多齿盘等零件组成,图 9－19 所示多齿盘分度工作台结构。当需要分度时,液压缸 8 的下腔进压力油,活塞 5 抬起工作台,上多齿盘 4 离开下多齿盘 9,而当上多齿盘上到顶时,压下一行程开关,发出开始分度信号。此时伺服电动机启动,经过蜗轮副 1 和小轴端的小齿轮 3,带动上多齿盘 4 的大齿轮,按规定分度角度回转,转到位以后,发出下降信号,液压缸 8 的上腔进压力油,工作台下降,上下多齿盘再度啮合,达到准确分度。此时另一行程开关被压下,发出分度完毕信号,机床即可开始加工。

多齿盘分度盘的特点是,分度精度高,精度保持性好;重复定位精度性高;刚性好,承载能力强;能自动定心;分度机构和驱动机构可以分离。多齿分度盘可实

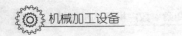

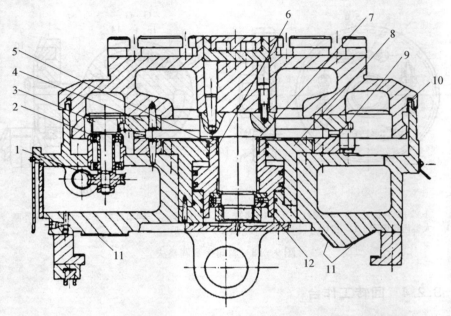

1-蜗轮副　2-角接触球轴承　3-小齿轮　4-上多齿盘　5-活塞　6-向心滚针轴承
7-止推滚针轴承　8-液压缸　9-下多齿盘　10-密封圈　11-塑料导轨板　12-推力球轴承

图9-19　多齿盘分度工作台

现的最小分度角度 $\alpha = 360°/z$。z 为多齿盘的齿数。

9.2.4.2　数控回转工作台

数控回转工作台简称数控转台，不仅能实现任意角度分度，并且在切削过程中能够回转，其结构如图9-20所示。泄去锁紧液压缸1上腔的压力油，即可处于

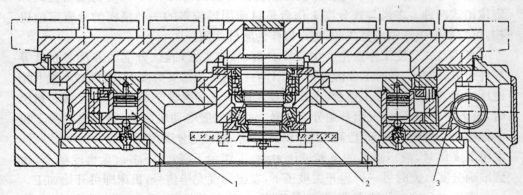

1-锁紧液压缸　2-角度位置反馈元件　3-蜗杆蜗轮副

图9-20　数控回转工作台

松开状态,此时由伺服电动机驱动蜗杆蜗轮副 3 带动工作台回转,而分度角度位置则由角度位置反馈元件 2 反馈给数控装置。反馈元件通常为圆感应同步器和圆光栅。数控转台的蜗杆传动,采用单头双导程蜗杆传动或采用双蜗杆传动。双导程蜗杆左、右齿面的导程不等,因而齿厚逐渐增加。改变蜗杆的轴向位置,即可改变啮合间隙,实现无间隙传动。

9.3　数控机床的导轨

导轨是数控机床的基本构件之一,主要用来支承和引导运动部件沿一定的轨道运动。数控机床的加工精度和使用寿命在很大程度上取决于机床导轨的质量。

9.3.1　导轨概述

在导轨副中,不动的一方叫支承导轨,运动的一方叫运动导轨。运动导轨相对于支承导轨的运动,通常是直线运动和回转运动。表 9 - 1 是常用导轨的类型、特点及应用。

表 9 - 1　常用导轨的类型、特点及应用

导轨类型	主要特点	应用
普通滑动导轨	结构简单,使用维护方便;低速易出现爬行;磨损大,寿命低,运动精度不稳定	各类普通机床、要求不高的数控机床
贴塑滑动导轨	动导轨面贴塑料软带,与铸铁或钢质静导轨面配副。贴塑工艺简单,摩擦因数小,且不宜爬行;抗磨性好;刚度较低,耐热性差,容易蠕变	大、中型机床,受力不大的导轨
镶金属(钢)滑动导轨	静导轨上镶钢板,耐磨性比铸铁高 5～10 倍;动导轨上镶青铜等减摩材料,平稳性好,精度高;镶金属工艺复杂,成本高	重型机床如立式车床、龙门铣床
动压导轨	适用于高速(90～600 m/min);阻尼大,抗振性好;结构简单,不需要复杂的供油系统;使用维护方便;油膜厚度随载荷和速度变化,影响加工精度	速度高,精度一般的机床主运动导轨
静压导轨	摩擦因数很小,低速平稳性好;承载能力大,刚性、抗振性好;需要复杂的供油系统,调整困难	大型、重型、精密机床、数控机床
滚动导轨	运动灵敏度高,低速平稳性好;定位精度高;精度保持性好,磨损小,寿命长;刚性抗振性差;结构复杂,要求良好的防护,成本高	大型精密机床、数控机床、纺织机械等

现代数控机床上使用的导轨依然是滑动导轨、滚动导轨和静压导轨等类型，但在材料和结构上已经发生了质的变化，已不同于普通机床导轨。数控机床对导轨的要求是：

（1）良好的导向精度 运动部件沿导轨承导面运动时其运动轨迹的准确程度，包括运动部件的移动直线性和圆运动的真圆性。

（2）精度保持性好 要求导轨面和相关零件耐磨，能长期保持原始精度。

（3）运动灵敏度和定位精度 运动灵敏度是指运动构件能实现的最小行程；定位精度是指运动构件能按要求停止在指定位置的能力。

（4）运动平稳性 导轨在低速运动或微量移动时不出现爬行的性能。

（5）抗振性与稳定性 抗振性是指导轨副承受强迫振动和冲击的能力，而稳定性是指在给定的运转条件下不出现自激振动的性能。

（6）足够的刚度 导轨抵抗受力变形的能力，要求在承受负载的情况下仍能保持精度。

（7）结构工艺性 导轨副（包括导轨副所在构件）加工的难易程度，要求结构简单，工艺性好。

9.3.2 滚动导轨

滚动导轨是在导轨面之间放置滚动件，使导轨面之间是滚动摩擦而不是滑动摩擦，因此摩擦因数小（一般为 0.002 5~0.005），而且动、静摩擦因数相差小，几乎不受运动速度变化的影响，定位精度和灵敏度高，磨损小，精度保持性好。但滚动导轨结构复杂，制造成本高，抗振性差。数控机床常用的滚动导轨有滚动导轨块和直线运动导轨两种。

9.3.2.1 滚珠导轨

滚珠导轨的结构紧凑、制造容易、成本较低。但由于接触面积小，刚度低，因而承载能力较小。滚珠导轨适用于运动部件重量不大，切削力和倾覆力矩都较小的机床。图 9-21(a)所示是 V-平组合的开式导轨。滚珠 4 用保持器 3 隔开，在淬硬的镶钢导轨中滚动。镶钢导轨 1、2 和 5、6 分别固定在工作台与床身上。图 9-21(b)所示是 V-V 组合的闭式导轨，可用调整螺钉 7 调节导轨的间隙或进行预紧，调整完后用螺母 8 锁紧。因此刚度较高。

单元直线滚珠导轨副由一根长导轨和一个或几个滑块组成，外形如图 9-22 所示，主要有导轨体 1、滑块 7、承载球列 4、保持器 3、端盖 6 组成。导轨体固定在不运动部件上，滑块固定在运动部件上。当滑块沿导轨移动时，滚珠在轨道和滑块之间的圆弧直槽内滚动，并通过端盖内的滚道，从负荷区移动到非负荷区，然后继续滚回到负荷区，不断的循环，从而把轨道和滑块之间的移动变成了滚珠的滚

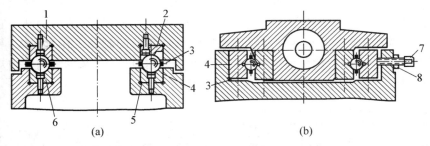

1、2、5、6-镶钢导轨　3-保持器　4-滚珠　7-调整螺钉　8-螺母

图 9 - 21　滚珠导轨

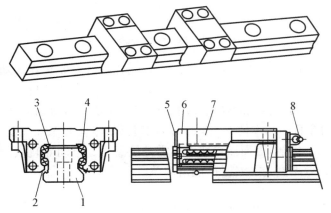

1-导轨体　2-侧面密封垫　3-保持器　4-承载球列　5-端部密
封垫　6-端盖　7-滑块　8-润滑油杯

图 9 - 22　单元式直线滚珠导轨

动。为防止灰尘和脏物进入导轨滚道,滑块两端和下部均装有塑料密封垫。滑块
上还有润滑油注油杯。这种滚动导轨将支承导轨和运动导轨组合在一起,作为独
立的标准导轨副部件由专门生产厂家制造。用户使用、安装、维修都很方便。并
且对机床固定导轨要求不严,只需精铣或精刨。

　　9.3.2.2　滚柱导轨

　　滚柱导轨的承载能力和刚度都比滚珠导轨大,它适用于载荷较大的机床,是
应用最广泛的一种滚动导轨。但是滚柱比滚珠对导轨不平行度(扭曲)要求较高,
即使滚柱轴线与导轨面有微小的不平行,也会引起滚柱的偏移和侧向滑动,使导
轨磨损加剧和降低精度。因此滚柱最好做成腰鼓形的,中间直径比两端大
0.02 mm左右。

图9-23(a)所示是 V-平组合的开式滚柱导轨。它的结构简单,导轨面可以配制或配磨,制造较方便,应用较多。图9-25(b)所示是燕尾形滚柱导轨。它的尺寸紧凑,调节方便。但是这种导轨比燕尾形滑动导轨的制造工作量还大,装配时检查精度也不方便。燕尾形滚柱导轨适用于空间尺寸不大,又承受颠覆力矩的机床部件上。

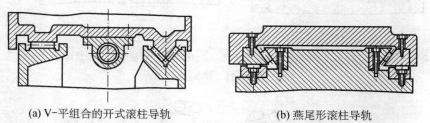

(a) V-平组合的开式滚柱导轨   (b) 燕尾形滚柱导轨

图9-23　滚柱导轨

图9-24所示的滚柱导轨支承是一种独立的部件,它安装在运动部件的导轨面上,每一条导轨上至少用两块或更多块,滚柱导轨支承的数目与导轨的长度和负载的大小有关。与之相配的导轨多用镶钢淬火导轨。当运动部件移动时,滚柱3在支承部件的导轨面与本体6之间滚动,同时又绕本体6循环滚动,滚柱3与运动部件的导轨面不接触,因而该导轨面不需淬硬磨光。滚动导轨块的优点是刚度高,承载能力大,效率高,灵敏性好,润滑简单。

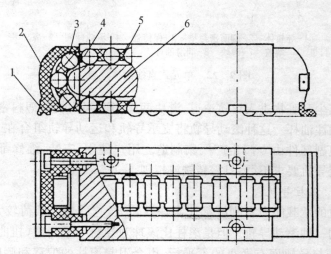

1-防护板　2-端盖　3-滚柱　4-导向片　5-保持器　6-本体

图9-24　滚柱导轨支承

9.3.3　塑料滑动导轨

塑料导轨常用在导轨副的运动导轨上,与之相配的是铸铁或钢质导轨。数控机床上常用聚四氟乙烯导轨软带和环氧耐磨涂层导轨两类。

9.3.3.1　聚四氟乙烯导轨软带

这种导轨软带材料是以聚四氟乙烯(PTFE)为基体,加入青铜粉、二硫化钼和石墨等填充剂混合制成,并做成软带状。聚四氟乙烯是现有材料中摩擦因数最小(0.04)的一种,但纯的聚四氟乙烯不耐磨,因此需要添加一些填充剂。聚四氟乙烯导轨软带的特点如下:

(1)摩擦特性好　因其摩擦因数小,且动、静摩擦因数差别很小,低速时能防止爬行,使运动平稳和获得高的定位精度。

(2)减振性好　塑料的阻尼特性好,其减振消音性能对提高摩擦副的相对运动速度有很大意义。

(3)耐磨性好　塑料导轨有自润滑作用,材料中又含有青铜粉、二硫化钼和石墨等,对润滑油的供油量要求不高,无润滑油也能工作。

(4)化学稳定性好　塑料导轨耐低温,耐强酸、强碱、强氧化剂及各种有机溶剂,具有很好的化学稳定性。

(5)工艺性好　可降低对粘贴塑料的金属基体的硬度和表面质量的要求,且塑料易于加工,能获得优良的导轨表面质量。

由于聚四氟乙烯导轨软带具有这些优点,所以广泛应用于中、小型数控机床的运动导轨上。

导轨软带使用工艺很简单,不受导轨形式限制,各种组合形式的滑动导轨均可粘贴。粘贴的工艺过程是,先将导轨粘贴面加工至表面粗糙度 $Ra3.2\sim1.6$,为了对软带起固定作用,将导轨粘贴面加工成 $0.5\sim1$ mm 深的凹槽,如图 $9-25$ 所示。然后用汽油或金属清洁剂或丙酮清洗粘贴面,将已经切割成形的导轨软带清洗后用胶粘剂粘贴。固化 $1\sim2$ h 后,再合拢到固定导轨或专用夹具上,施加一定的压力,在室温下固化 24 h,取下清除余胶即可开油槽进行精加工。由于这类导轨采用粘接方法,习惯称为贴塑导轨。

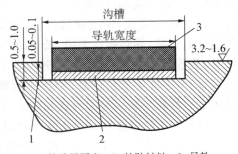

1-粘贴层厚度　2-粘贴材料　3-导轨

图 9-25　塑料滑动导轨

9.3.3.2 环氧耐磨涂层

环氧耐磨涂层是另一类已成功地用于金属-塑料导轨的材料。它是以环氧树脂和二硫化钼为基体,加入增塑剂混合成膏状为一组,以固化剂为另一组的双组分塑料。这种涂料附着力强,具有良好的可加工性,可经车、铣、刨、钻、磨削和刮削加工。具有良好的摩擦特性和耐磨性,而且抗压强度比聚四氟乙烯导轨软带高,固化时体积不收缩,尺寸稳定。特别是可在调整好固定导轨和运动导轨间的相对位置精度后注入涂料,可节省许多加工时间,特别适用于重型机床和不能用导轨软带的复杂配合型面。

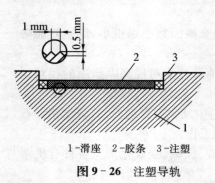

1—滑座　2—胶条　3—注塑

图 9-26　注塑导轨

涂层工艺过程是,先将导轨涂层表面粗刨或粗铣成如图 9-26 所示的粗糙表面,以保证有良好的粘附力。再将与塑料导轨相配的金属导轨面用溶剂清洗后涂上一层硅油或专用脱膜剂,防止与耐磨涂层粘接。按配方加入固化剂,调好耐磨涂层材料,涂抹于导轨面,涂层厚度为 1.5~2.5 mm,最后叠合在金属导轨面上进行固化。叠合前可放置形成油槽、油腔的模板,固化 24 h 后,即可将两导轨分离,涂层硬化 3 天后可进行下一步加工。由于这类涂层导轨采用涂注膏状塑料的方法,习惯上称为注塑导轨。

9.3.4　静压导轨

静压导轨将有一定压力的油液,经节流器输送到导轨面上的油腔中,形成承载油膜,浮起运动部件,使导轨工作表面处于液体摩擦状态。静压导轨的优点是,导轨几乎没有磨损,精度保持性好;摩擦因数极低,机械效率高;油膜厚度几乎不受速度的影响,导轨运动平稳,低速时不爬行,高速时不振动;油膜承载能力大、刚性高、吸振性好。静压导轨的缺点是,结构复杂,并需要备置一套专门的供油系统;油的清洁度要求也较高;调整比较麻烦。静压导轨大多用于大型和重型数控机床上。静压导轨可分为开式和闭式两大类。

(1) 开式静压导轨　工作原理图如图 9-27 所示。来自液压泵的压力油压力为 p_0,经节流器压力降为 p_1,进入导轨的各个油腔内,借油腔内的压力将动导轨浮起,使导轨面间以一层厚度为 h_0 的油膜隔开,油腔中的油不断穿过各油腔封油间隙流回油箱,压力降为零。当动导轨受外载 F 作用时,它向下产生一个位移,导轨间隙降为 h,使油腔回油阻力增大,油腔中压力也相应增大,以平衡负载,使导轨始终在纯液体摩擦下工作。

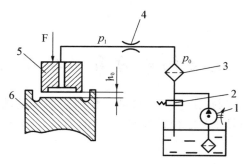

1-液压泵 2-溢流阀 3-过滤器 4-节流器 5-运
动导轨 6-支承导轨

图 9-27 开式静压导轨原理图

（2）闭式静压导轨 工作原理图如图 9-28 所示。闭式静压导轨在各方向导轨面上都开有油腔，所以，闭式导轨具有承受各方面载荷和颠覆力矩的能力。设油腔各处的压强分别为 p_1、p_2、p_3、p_4、p_5 和 p_6。当受颠覆力矩为 T 时，p_1 和 p_6 处间隙变小，则 p_1 和 p_6 增大；p_3 和 p_4 处间隙变大，则 p_3 和 p_4 变小，可形成一个与颠覆力矩成反向的力矩，从而使导轨保持平衡。

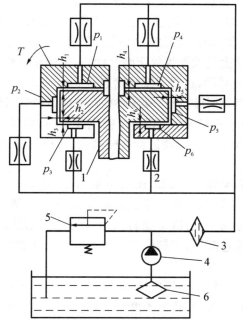

1-导轨 2-节流器 3、6-过滤器 4-液压泵 5-溢流阀

图 9-28 闭式静压导轨原理图

9.4 数控机床的自动换刀装置

自动换刀装置具有根据工艺要求自动更换所需刀具的功能。自动换刀装置应满足换刀时间短、刀具重复定位精度高、足够的刀具存储量、刀库占地面积小及安全可靠等基本要求。

9.4.1 自动换刀装置的形式

9.4.1.1 回转刀架换刀

回转刀架换刀是数控车床使用的自动换刀装置。回转轴线有垂直和水平两种,回转刀位有四刀位、六刀位或更多刀位。图 9-29 所示是在普通车床方刀架的基础上发展起来的一种自动换刀装置,它有 4 个刀位,能同时装夹 4 把刀具。刀架回转 90°,刀具变换一个刀位,转位信号和刀位号的选择由加工程序指令控制。其换刀过程如下:

(1) 刀架抬起 当数控装置发出换刀指令后,电动机 1 起动正转,通过平键套筒联轴器 2 使蜗杆轴 3 转动,从而带动蜗轮丝杠 4 转动。刀架体 7 的内孔加工有内螺纹,与蜗轮丝杠旋合。蜗轮丝杠内孔与刀架中心轴外圆是滑动配合,在转位换刀时,中心轴固定不动,蜗轮丝杠绕中心轴空转。当蜗轮丝杠开始转动时,由于刀架 7 和刀架体底座 5 上的端面齿处于啮合状态,且蜗轮丝杠轴向固定,因此刀架体 7 不能转动只能轴向移动,这时刀架体抬起。

(2) 刀架转位 当刀架体抬至一定距离后,端面齿脱开,转位套用销钉与蜗轮丝杠连接,随蜗轮丝杠一起转动,当端面齿完全脱开时,转位套 9 正好转过 160°,球头销 8 在弹簧力的作用下进入转位套 9 的槽内,转位套通过弹簧销带动刀架体转位。

(3) 刀架定位 刀架体 7 转动时带着电刷座 10 转动,当转到程序指令的刀号时,粗定位销 15 在弹簧力的作用下进入粗定位盘 6 的槽中进行粗定位,同时电刷 13、14 接触导通,使电动机 1 反转。由于粗定位槽的限制,刀架体 7 不能转动,使其在该位置垂直落下,刀架体 7 和刀架底座 5 上的端面齿啮合实现精确定位。

(4) 夹紧刀架 电动机 1 继续反转,此时蜗轮丝杠停止转动,蜗杆轴 3 继续转动,端面齿间夹紧力不断增加,转矩不断增大,达到一定值时,在传感器的控制下电动机 1 停止转动。

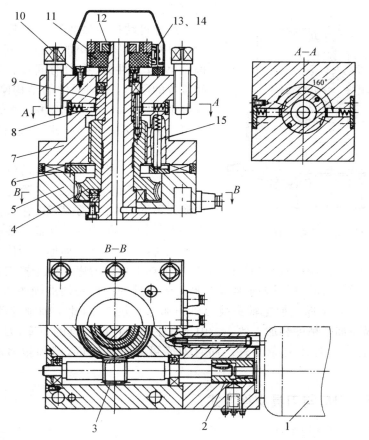

1-电动机　2-联轴器　3-蜗杆轴　4-蜗轮丝杠　5-刀架底座　6-粗定
位盘　7-刀架体　8-球头销　9-转位套　10-电刷座　11-发信体　12-螺
母　13、14-电刷　15-粗定位销

图 9-29　数控车床方刀架

译码装置由发信体 11、电刷 13、14 组成。电刷 13 负责发信,电刷 14 负责位
置判断。当刀架定位出现过位或不到位时,可松开螺母 12,调好发信体 11 与电刷
14 的相对位置。

9.4.1.2　更换主轴头换刀

更换主轴头换刀装置用于带旋转刀具的数控机床,是比较简单的换刀装
置。如图 9-30 所示,数控钻镗铣床在转塔各个主轴头上,预先安装有各工序所
需要的旋转刀具。但只有处于最下端的主轴方与主传动链接通并转动。待该
工步加工完毕,转塔按照指令转过一个或几个位置,完成自动换刀,再进入下一步

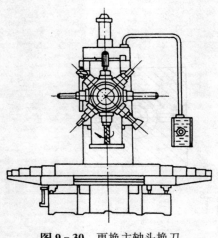

图 9 - 30　更换主轴头换刀

的加工。

　　这种自动换刀装置存储刀具的数量较少,适用于加工较简单的工件。其优点是结构简单、可靠性好、换刀时间短。但由于空间位置的限制,主轴部件的结构刚性较低。安装于机床上,对机床的结构影响较大。它适用于工序较少,精度要求不太高的数控钻镗床等。

　　9.4.1.3　带有刀库的自动换刀装置

　　带有刀库的自动换刀装置与更换主轴头换刀不同,由于有了刀库,它只需要一个夹持刀具切削的主轴。当需要某一刀具切削加工时,将该刀具自动地从刀库交换到主轴上,切削完毕后又将用过的刀具自动地从主轴上放回刀库。由于换刀过程是在各个部件之间进行的,所以要求各参与换刀的部件的动作必须准确协调。这种换刀方式由于主轴不像更换主轴头换刀机构那样受限制,因此主轴刚度可以提高,还有利于提高加工精度和加工效率。由于有了单独存储刀具的刀库,刀具的存储容量增多,有利于加工复杂零件。而且刀库可离开加工区,消除很多不必要的干扰。

9.4.2　刀库与刀具交换方式

9.4.2.1　刀库的形式

　　刀库是用来存储加工刀具及辅助工具的地方,可分为圆盘式刀库、链式刀库、箱格式刀库等。

　　(1)圆盘式刀库　圆盘式刀库结构简单,应用较多,但由于刀具环形排列,空间利用率低。图 9 - 31(a)中刀具轴线与圆盘轴线平行;图 9 - 31(b)中刀具轴线与圆盘轴线垂直。

　　(2)链式刀库　链式刀库结构紧凑,刀库容量较大,链的形状可以根据机床的布局配置成各种形状,也可将换刀位突出以利换刀,如图 9 - 31(c)所示。

　　(3)箱格式刀库　箱格式刀库的刀具分几排直线密集排列,空间利用率高,结构简单,如图 9 - 31(d)所示。

9.4.2.2　刀具的选择方式

　　早期的数控机床有刀套编号或刀具编码方式。现代数控机床是由数控系统根据最初输入的刀套号与刀具号,跟踪记忆刀套与刀具的对应号,并按程序指令

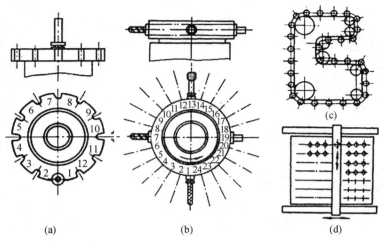

(a)	(b)	(d)

图 9 - 31　刀库的形式

准确地调用所需刀具。目前使用的刀具选刀方式有如下两种：

（1）刀套号与刀具号随机变换方式　这是目前用得最普遍的方式。在第一次给刀库装刀时，告诉控制系统刀座号和在该刀座上的刀具号的对应关系，控制系统就记住这个对应关系。以后该刀具在使用中，不一定送还到原来的刀座上，但是控制系统仍能记住该刀具号所在的新刀座号。这种方式有利于缩短换刀、选刀时间。由于这种方式经常改变刀具号与刀座的对应关系，所以在重新启动机床时，必须使刀库回零，校验一下显示器上显示的内容与实际刀具插存情况。

（2）刀具号与刀座号固定对应方式　插在刀座上的刀具使用后仍送还到原来的刀座上，即刀具号与刀座号的对应关系始终不变。其好处在于，易掌握刀具情况，一看刀套后就能知道是什么样的刀。另一好处是可以安放大直径刀具，只要有意选择相邻刀套上无刀即可。但是，这种方式因为用完的刀具必须送还给原来的刀套上，才能移动下一个要用的刀具到换刀位置，因此会增加换刀时间。

9.4.3　刀具的交换装置

实现刀库与机床主轴之间刀具传递和刀具装卸的装置称为刀具交换装置。自动换刀的刀具可固紧在专用刀夹内，每次换刀时将刀夹直接装入主轴。刀具的交换方式通常分为有机械手换刀和无机械手换刀两大类。

9.4.3.1　机械手换刀方式

采用机械手进行刀具交换的方式应用最为广泛，因为机械手换刀具有很大的灵活性，换刀时间也较短。机械手的结构形式多种多样，换刀运动也有所不同。

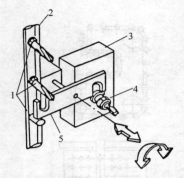

1-刀库中的刀具 2-刀库 3-动力头 4-主轴中的刀具 5-180°回转换刀机械手

图 9 - 32 180°回转刀具交换装置

图 9 - 32 所示是 180°回转刀具交换装置。接到换刀指令后,机床控制系统便将主轴控制到指定换刀位置,同时刀具库运动到适当位置完成选刀。机械手回转并同时与主轴、刀具库的刀具相配合。拉杆从主轴刀具上卸掉,机械手向前运动,将刀具从各自的位置上取下。机械手回转180°,交换两刀具的位置,与此同时刀库重新调整位置,以接受从主轴上取下的刀具。机械手向后运动,将新的刀具和卸下的刀具分别插入主轴和刀库。机械手转回原位置待命。这种刀具交换装置的主要优点是结构简单,涉及的运动少,换刀快。主要缺点是刀具必须存放在与主轴平行的平面内,与侧置或后置的刀库相比,切屑及切削液易进入刀夹,刀夹锥面上有切屑会造成换刀误差,甚至损坏刀夹和主轴,因此必须对刀具另加防护。

9.4.3.2 无机械手换刀的方式

无机械手换刀的方式是利用刀库与机床主轴的相对运动实现刀具交换,也叫主轴直接式换刀。这种换刀机构不需要机械手,结构简单、紧凑。由于换刀时机床不工作,所以不会影响加工精度。图 9 - 33 所示的 XH754 型卧式加工中心就是采用这类刀具交换装置。当加工工步结束后执行换刀指令,主轴实现准停,主轴箱沿 y 轴上升。这时机床上方的刀库的空刀位正好处在换刀位置,装夹刀具的卡

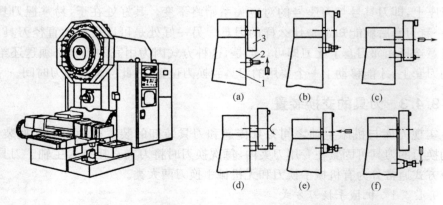

1-卧式主轴 2-主轴刀具 3-刀库

图 9 - 33 无机械手换刀示意图

爪打开,如图9－33(a)所示;主轴箱上升到极限位置,被更换刀具的刀杆进入刀库空刀位,被刀具定位卡爪钳住,与此同时主轴内刀杆自动夹紧装置放松刀具,如图9－33(b)所示;刀库伸出,从主轴锥孔内将刀具拔出,如图9－33(c)所示;刀库转位,按照程序指令要求将选好的刀具转到主轴最下面的换刀位置,同时压缩空气将主轴锥孔吹净,如图9－33(d)所示;刀库退回,同时将新刀具插入主轴锥孔,主轴内刀具夹紧装置将刀杆拉紧,如图9－33(e)所示;主轴下降到加工位置后起动,开始下一步的加工,如图9－33(f)所示。

复习思考题

1. 数控机床主传动系统有哪些要求?
2. 数控机床主传动系统的配置方式有哪些类型?
3. 加工中心主轴为什么需要准停? 如何实现准停?
4. 加工中心的刀具是如何实现自动夹紧的?
5. 滚珠丝杠螺母副如何消除轴向间隙?
6. 齿侧间隙的消除主要有几种方法?
7. 分度工作台与数控回转工作台有何区别?
8. 试述常用导轨的类型、特点及应用范围。
9. 对自动换刀装置要求如何? 自动换刀装置的形式有哪些?
10. 刀具的选择方式有哪些? 特点如何?

第❿章

典型数控机床

　　数控机床从 1952 年诞生至今已有半个多世纪,随着科学技术的飞速发展,在数量、品种、功能、性能、可靠性及应用等方面都有了极大的提高和发展。目前,几乎所有的金属切削机床都有向数字化方向发展的趋势。数控机床品种很多,结构也各不相同,但在许多方面是有共同之处的。本章介绍 CKA6136i 数控车床和 XH714 立式加工中心的构造、编程和操作使用方法。

10.1　CKA6136i 数控车床

10.1.1　CKA6136i 数控车床主要用途及结构特点

　　CKA6136i 型数控车床采用卧式车床布局,数控系统控制横(X)纵(Z)两坐标移动,对各种轴类及盘类零件可自动完成内外圆柱面、圆锥面、端面、切槽、倒角等工序的切削加工,并能车削米制及英制圆柱螺纹、端面螺纹和锥螺纹。其外形如图 10-1 所示。

　　CKA6136i 型数控车床可采用多种数控系统。配置相应的交流伺服电机作为驱动部件,以脉冲编码器为检测元件构成半封闭 CNC 系统。

　　CKA6136i 型数控车床主轴箱有 3 种形式可供选择,一种采用手动六档变速主轴箱加双速电机,可实现 12 档变速;第二种为手动两档变速主轴箱加变频电机;第三种为单主轴加变频电机或伺服主轴电机,实现全无级变速,非常适合小型零件的精加工。

　　刀架有立式四工位电动刀架和排刀架两种形式,如果采用排刀架形式,则可根据用户工件设计刀夹,以节省换刀时间。卡盘为手动卡盘及液压卡盘两种供选择。尾架也有手动和液压两种供选择。

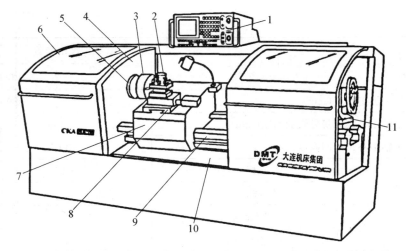

1-操作面板　2-四工位刀架　3-液压卡盘　4-主轴箱　5-主轴　6-防护罩
7-纵向(Z 轴)溜板　8-横向(X 轴)溜板　9-纵向导轨　10-床身　11-尾架

图 10-1　CKA6136i 数控车床外形图

　　床鞍及溜板导轨结合面采取贴塑处理。采用集中润滑器对滚珠丝杠及导轨结合面强制润滑,使进给系统的刚度、摩擦阻尼系数等精动态特性处于最佳状态,不仅能够得到精确微量移动,而且有利于提高机床的定位精度及导轨的使用寿命。

　　有级变速主轴箱的主轴制动是由安装在电机轴端的制动装置来实现的。当自动循环结束后,电机轴端的制动器磁铁线圈通电产生磁力将制动盘吸合实现制动。当完成制动后,制动器松开,主轴可恢复运转。

　　机床采用整体防护结构,可有效防止切屑与工作液的飞溅,保证了操作者的安全。

10.1.2　CKA6136i 数控车床主要技术参数

　　CKA6136i 数控车床主要技术参数见表 10-1。

表 10-1　CKA6136i 数控车床主要技术参数

序号	项目	规格参数	
		750	1000
1	床身上最大工件回转直径(mm)	φ360	
	刀架上最大工件回转直径(非排刀架)(mm)	φ180	
	最大车削直径(mm)	φ360(四工位立式刀架) φ300(六工位卧式刀架)	

序号	项目			规格参数	
				750	1 000
		最大加工长度(mm)		550	800
		主轴中心距床身导轨面高度(mm)		186	
		主轴中心距地面高度(mm)		1 050	
2	行程	X坐标		230	
		Z坐标		560	810
3	进给速度	X轴	工进(mm/min)	0.01~3 000	
			快进(mm/min)	4 000	
		Z轴	工进(mm/min)	0.01~4 000	
			快进(mm/min)	5 000	
4	主轴转速范围	手动变速加双速电机(r/min)		32~2 000	
		手动两级变速加变频电机(r/min)		32~2 500	
		单主轴加变频电机(r/min)		200~3 500	
		单主轴加伺服主轴电机(r/min)		200~4 000	
	主轴通孔直径	手动变速加双速电机(mm)		φ48	
		手动两级变速加变频电机(mm)		φ52	
		单主轴加变频/伺服主轴电机(mm)		φ40	
5	刀架	刀位数(位)		4/6	
		车刀刀柄尺寸(mm)		20×20	
		换刀时间(单工位,s)		2.4	3.0
6	尾架	尾架套筒最大行程	手动(mm)	130	
			液压(mm)	120	
		尾架套筒直径(mm)		φ60	
		尾架心轴锥孔锥度(莫氏)		4	
7	主电机	双速电机(手动)	功率(kW)	3/4.5	
			转速(r/min)	1 440/720	
		变频电机(手动)	功率(kW)	5.5	

续　表

序号	项目			规格参数			
				750		1000	
			转速（r/min）	4500			
		变频电机（单主轴）	功率（kW）	5.5			
			转速（r/min）	4 375			
		伺服主轴电机（单主轴）	功率（kW）	7.5			
			转速（r/min）	6 000			
8	伺服电机	种类		FANUCβi	阿贝尔 28 T	安川 J50	GSK980T
		X轴	功率（kW）	0.75	0.45	0.45	1.0
			转速（r/min）	4 000	1 500	1 500	2 500
		Z轴	功率（kW）	1.2	0.85	0.85	1.5
			转速（r/min）	3 000	1 500	1 500	2 500
9	其他电机	冷却泵电机	功率（kW）	0.09			
			流量（1/min）	25			
		集中润滑电机	功率（kW）	3			
			排量（ml/次）	2.5			
10	其他	外形尺寸（长×宽×高,mm）		2 250×1 300×1 610		2 500×1 300×1 610	
		机床包装箱尺寸（长×宽×高,mm）		2 695×1 835×2 245		2 945×1 835×2 245	
		机床净重（kg）		1 600		1 650	

10.1.3　CKA6136i 数控车床的主传动系统

图 10 - 2 所示是 CKA6136i 机床传动系统图,有 3 种主传动供用户选择:

(1) 手动六档变速主轴箱加双速电机主传动系统　如图 10 - 2(c)所示,通过双速电机高、低速选择手柄和主轴变速手柄组合变换,可使主轴获得 12 级转速。分别为 32、62、140、160、230、270、320、450、720、1 000、1 400、2 000 r/min。图 10 - 3(a)所示为其主轴转速图。

主轴床头箱有两个变速手柄,一个用于选择 H(高)、L(低)档;另一个用于在每档内选择三级变速;双速电机的高、低速的切换由 S 码完成:低速运行时用 Sl 指

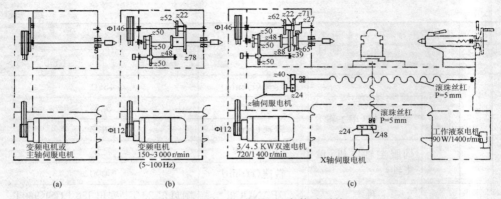

图 10-2　CKA6136i 机床传动系统

令,电机为三角形接线;高速运行时用 S3 指令,电机为双 Y 形接线。

（2）手动两档变速主轴箱加变频电机主传动系统　传动系统图如图 10-2(b) 所示。图 10-3(b) 所示是其主轴转速图。主轴有高、低速两档配合,两档转速范围分别为:低档为 32~650 r/min,高档为 125~2 500 r/min,可分别在两档内实现无级调速。当主轴转速超过某档范围时,需做变档操作。先停止主轴,将主轴箱变速手柄转到相应档位（档位不到时,主轴不能起动）。然后输入 M03 或 M04 启动主轴,并输入相应的 S 码来指定转速。

（3）单主轴加变频电机或伺服主轴电机主传动系统　传动系统图见图 10-2(a) 所示。采用上海福田变频电机驱动时,主轴最高转速 3 500 r/min,恒功率范围 1 200~3 500 r/min(5.5 kW);采用大森伺服电机驱动时,主轴最高转速 4 500 r/min,恒功率范围 1 000~4 000 r/min(7.5 kW)。主轴运动由一组同步齿形带传动带动编码器同步旋转,编码器将主轴的角位移转换成光电脉冲信号,传输给 CNC 数控系统,实现主轴的速度控制。

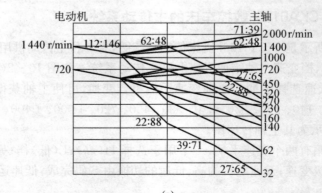

(a)

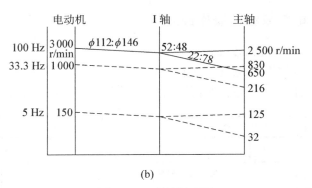

(b)

图 10 - 3　主轴转速图

机床采用 NCS 代码控制变频器,变频器控制变频电机来进行主轴转速的调整,S 代码与转速关系可参照主轴箱上的标牌。

单主轴结构如图 10 - 4 所示,主轴的前轴承采用 3 个一组的高精度向心角接触推力球轴承,用以承受径向力和轴向力;后轴承为两个一组的高精度向心角接触推力球轴承,辅助支承。因主轴轴承均带有适当的预紧力,因而主轴具有很高的刚度和精度。

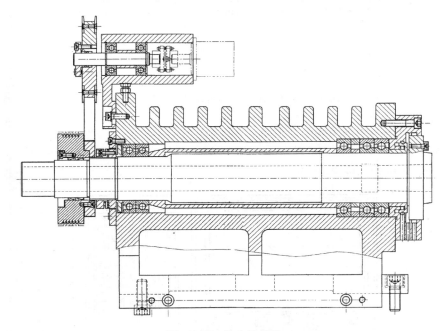

图 10 - 4　单主轴结构

10.1.4 电气系统及操作说明

10.1.4.1 电气系统的组成

CKA6136i 数控车床电气系统由 FANUC-0i Mate-TC 系统、βi 交流伺服电机、交流数字驱动单元、强电控制回路组成。图 10－5 所示是其电气结构框图。

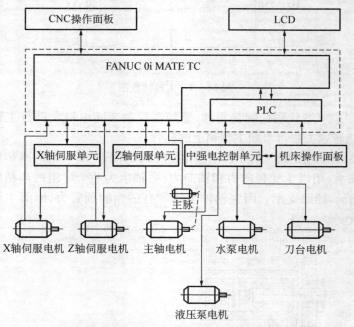

图 10－5 CKA6136i 数控车床电气结构框图

10.1.4.2 数控系统操作面板介绍

CKA6136 数控车床配置 FANUC-0i Mate-TC 系统操作面板如图 10－6 所示。各操作键的功能见表 10－2。

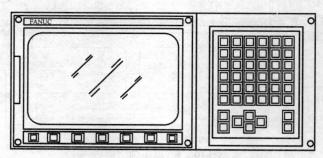

图 10－6 FANUC 数控系统操作面板

表 10-2 FANUC-0i Mate-TC 数控系统操作面板按键功能说明

序号	操作键	功 能 说 明
1	RESET	复位键,解除报警,使数控系统复位
2	EOB	程序结束键,在自动方式及 MDI 方式下结束一行程序的编辑
3	英文字母及数字键	地址/数字复合键,将字母、数字等文字的输入
4	INPUT	输入键,用于编程、参数、刀具偏置等输入确认
5	CAN	取消键,删除已输入到寄存器中的符号、数据等
6	SHIFT	上档键,用于键面右下角的字符可以输入
7	ALTER	修改键,用于修改程序中错误的字符、数字
8	INSERT	插入键,用于插入程序中的字符、数字等
9	DELETE	删除键,用于删除程序中不需要的字符、数字等
10	← ↑ ↓ →	光标移动键,用于各方向移动光标
11	↑ ↓ PAGE	翻页键,用于翻转画面
12	POS	按此键显示位置画面
13	PROG	按此键显示程序画面
14	OFS/SET	按此键显示刀偏/设定画面
15	SYSTEM	按此键显示系统画面
16	MESSAGE	按此键进行报警信息的显示
17	CSTM/GR	按此键进行图形显示
18	HELP	按此键显示帮助画面

10.1.4.3 机床控制面板介绍

机床控制面板,如图 10-7 所示。

(1)工作方式选择 数控系统共有 5 种工作方式,可由工作方式开关选择。

① 手动(JOG):选择手动进给,通过按压相应的按钮作相应动作,手一松开运动就停止。

② 自动:按循环起动按钮,机床开始自动运行所指定的程序。

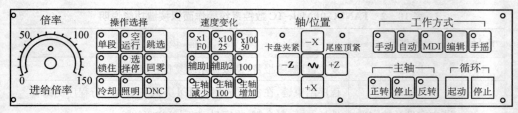

图 10 - 7　机床控制面板

③ MDI：在此方式下，手动进行 M、S、T 操作。或输入一个程序段运行。

④ 编辑：用于建立、编辑加工零件程序。

⑤ 手摇：通过手摇脉冲发生器，按选择好的倍率，移动 X 轴或 Z 轴。在这种方式下，也能实现单步移动功能，通过 X、Z 轴方向移动按钮，按下其中选择好的轴移动按钮，就按 Xl、X10、X100 选择的单位之一移动。

（2）进给倍率　程序编制中进给速度的倍率开关，不同档位即有不同的进给速度。

（3）速度变化开关　用此开关可选择手轮每旋转一个刻度的进给量是 1、10 或 100 μm。同样，用进给按钮操作时系统可实现 1、10 及 100 μm 的步进给。另外，此开关还可用于快速移动速度的调整。一共 4 档，分别为 F0、25％、50％ 和 100％。

（4）轴选择开关　用于手摇进给时对 X、Z 轴选择。

（5）单段　灯亮时有效，执行完一个程序段，机床停止运行，若按循环起动按钮后，再执行一个程序段，机床运动又停止。

（6）跳选　当程序执行到前面带有"/"符号的程序段时跳过而不执行。如果没有按下跳选按钮，CNC 也将执行编入的"/"符号的加工程序。

（7）机床锁住　按下该按键并在自动方式运行程序时，机床 X、Z 轴不移动，只在 LCD 上显示各轴的移动位置。通常用于加工指令和位移的检查。

（8）空运行开关　不加装工件，按下该按钮，CNC 可自动运行加工程序，机床处于空运行状态。通常用于试运行加工程序。

（9）程序保护　当所编辑的加工程序要保护时，可将该开关拨到"0"，程序可不被修改，注意保管好钥匙。

（10）+X、-X、+Z、-Z、快速手动按钮　分别为 +X、-X、+Z、-Z 4 个方向键，再配合快速按键，可实现 X、Z 轴的坐标移动和快速移动。

（11）手摇脉冲发生器　在手摇方式下，将倍率开关选择在速度变化档中任意一档，同时选择 X 轴或 Z 轴，用手摇脉冲发生器，就可移动 X 轴或 Z 轴。通常用于对刀。

（12）循环起动　自动方式下按一下此按钮,自动执行程序。

（13）循环停止　在机床自动运行中,按下该按钮,CNC 将暂时停止加工程序的执行,要恢复程序的继续执行,再按一下循环起动按钮即可。

（14）系统停止　给系统断电,当机床不使用时请断开系统电源。关闭机床总电源时,应首先关闭系统电源,然后再关闭机床电源。

（15）系统起动　给系统送电,LCD 画面开始显示。

（16）急停　此按钮是一个非常重要的按钮,当遇到非常事故时,要及时按下此按钮,同时 LCD 会提示报警。排除故障后释放此按钮,并清除报警。

（17）液压卡盘内夹、外夹、无选择开关　使用液压卡盘时,用于内、外卡的切换。

（18）液压尾架有、无选择开关(F1)　用于选择是否使用液压尾架。按一下,尾架有效;再按一下则无效。

（19）电源接通指示灯,X 向回零指示灯,Z 向回零指示灯。

（20）主轴正转按键　除自动方式外,在其他方式下可手动启动主轴正转,但前提是必须有 S 码存在。在自动方式下该按键无效。

（21）主轴停止按键　除自动方式外,在其他方式下可手动停止主轴。在自动方式下该按键无效。

（22）主轴反转按键　除自动方式外,在其他方式下可手动启动主轴反转,但前提是必须有 S 码存在。在自动方式下该按键无效。

（23）主轴倍率　此功能为单主轴加变频电机有效。100％灯亮时,表明此时主轴转速为指令值的 100％;主轴减少灯亮时,表明此时主轴转速比指令值减少10％,主轴降速范围可从 120％降到 50％;主轴增加灯亮时,表明此时主轴转速增加 10％。主轴最高可以达到 S 码的 120％。

（24）回零　本机床可配备两种类型的位置编码器,一种是绝对式,一种是增量式。当采用绝对式时,机床启动时不必回零,但是因为只有软限位的保护,所以千万不可随意更改软限位的设定值。还应注意的是:若设定的零点因电池电压过低而丢失,需重新设定零点时,软限位必须因原点的不同而重新设定。机床出厂前,零点已设定好,不可随意更改零点的位置。

当采用增量式时,机床启动后,必须先回参考点:按＋X、＋Z 按钮后,快速移动两轴,直到压上回零减速开关后,再以一固定速度移向参考点。此时必须注意尾架的位置,以免撞到尾架。通常应先回 x 轴,再回 z 轴。返回参考点后,设定的软限位生效。同时还有行程硬限位的保护。如果过行程了,必须按住超程解除按钮,反方向移动该轴来解除。

（25）选择停　按下该键,CNC 执行加工程序中遇到 M01 指令,程序将暂停。

再按一次循环启动按钮,NC 将继续执行加工程序。

(26) 冷却　任何情况下,可手动控制冷却泵的开启与关闭。

10.1.4.4　准备功能

准备功能(G 功能)见表 10-3。

表 10-3　准备功能(G 功能)一览表

G 代码	模态组	功能
G00		定位(快速进给)
G01	01	直线插补(切削进给)
G02		圆弧插补 CW(顺时针)
G03		圆弧插补 CCW(逆时针)
G04		暂停
G27	00	返回参考点检测
G28		返回参考点
G32	01	螺纹切削
G40		取消刀尖补偿
G41	07	刀尖 R 补偿(左)
G42		刀尖 R 补偿(右)
G50	00	设定坐系系,设定主轴最高转速
G90		外径、内径车削循环
G92	01	螺纹切削循环
G94		端面车削循环
G98	05	每分钟进给量

10.1.4.5　液压卡盘与液压尾架

液压卡盘有内夹、外夹两种方式。当选择内夹时,把开关置于"内"的位置,选择外夹时,把开关置于"外"的位置。使用液压尾架时,按下[F1]键,使液压尾架有效。

不论使用液压卡盘还是液压尾架,都必须在主轴停止后才能操作。用脚踏开关操作卡盘时首先注意液压系统是否开启,确认工件夹紧后方可开启动主轴或自动执行加工程序。当卡盘未夹紧时,主轴无法开启,进给处于保持状态。同样,主轴停止后才能操作尾架,在确认工件顶紧的情况下,才可开启主轴或自动执行加工程序。当尾架未顶紧时,主轴将无法开启,进给处于保持状态。

当卡盘旋钮置于中间位置时,表示取消液压卡盘,改用手动卡盘,液压卡盘操作失效。

液压卡盘和液压尾架需要用液压装置提供液压,当电源接通后,液压装置同时启动,KM5 接通液压电机。

10.1.4.6 刀架控制(T 功能)

本机床采用四工位或六工位刀架。刀具用 T 刀位指令,T1～T4(或 T6)指定相应的刀台中的任意一把。

刀架接受 T 指令后即正转,通过刀架的霍尔元件,寻找刀位。刀位到达后,正转停止。刀架暂停,刀架反转,夹紧刀架,T 指令完成。

10.1.4.7 冷却

自动方式时,用 M08 指令打开冷却,用 M09 指令关闭冷却。

10.1.4.8 参考点及软限位的设置(使用绝对编码器时)

机床的机械原点设定在主轴大端面的中心线上,以此为基点,将参考点设定在刀架的中心点上,并分别设定了 X 轴、Z 轴的正、负极限(软限位),作为两轴的行程保护。机床出厂前已设定好软限位,不得随意更改设定值。

10.1.5 伺服与系统报警信息

表 10 - 4 是 PLC 报警信息及说明,系统报警和伺服报警以及相应的处理方法,需参考随机所带的《维修说明书》。

表 10 - 4 PLC 报警信息及说明

报警号	报警内容	信息说明
1000	EMERGENCY STOP	急停
1001	TRANSDUCER ALARM	变频器故障
1002	MOTOR OVERLOAD	电机过载
1003	TAILSTOCK NOT CLAMP	尾座未顶紧
1004	CHUCK NOT CLAMP	卡盘未夹紧
1006	OILFILTER ALARM	滤油器报警
1007	TURRET NOT LOCK UP	刀台未锁紧
2000	RAIL'S LABRICATION OIL LEVEL LOW	润滑液位低
2001	TOOL NUMBER ERROR	设定刀号错误

报警号	报警内容	信息说明
2002	TOOL RUN OVERTIME OR NO TOOL SIGNAL	刀具运行超时或没找到刀位信号
2003	NO SPINDLE RANGE SWITCH SIGNAL	无主轴档位信号
2004	FEEDRATE OVERRIDE ZERO	进给倍率为"0"
2005	HYDRAULIC SYSTEM PRESSURE NO REACH, SP-STOP	系统压力不足,主轴禁止起动
2006	SPINDIE RUNING, FORBID OPERATING HYDRAULIC SYSTEM	主轴旋转中,禁止操作液压系统

10.2 XH714 立式加工中心

加工中心是在数控铣床的基础上,通过增加刀库与自动换刀装置发展起来的,因此加工中心具有数控铣床、数控镗床、数控钻床等功能。工件在一次装夹后可自动连续地完成平面铣削,轮廓铣削、镗孔、钻孔、扩孔、铰孔、攻丝等多种工序的加工,可广泛用于板类及箱体类零件的多品种、小批量生产。XH714 立式加工中心如图 10-8 所示。

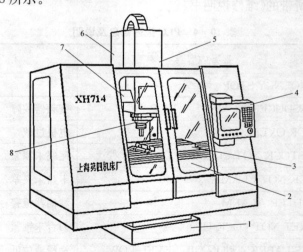

1-床身　2-横向(前后 Y 轴)滑座　3-纵向(左右 X 轴)工作台
4-操作面板　5-主轴箱　6-立柱　7-斗笠式刀库　8-主轴

图 10-8 XH714 立式加工中心外形图

10.2.1　XH714 立式加工中心技术参数

XH714 立式加工中心技术参数见表 10 - 5。

表 10 - 5　XH714 立式加工中心技术参数

序号	项目		单位	规格
1	工作台规格(宽×长)		mm	400×900
2	工作台 T 形槽		mm	18H8×125
3	工作台最大承重		kg	500
4	行程(X 向)		mm	600
5	行程(Y 向)		mm	420
6	行程(Z 向)		mm	550
7	主轴端面至工作台最小距离		mm	125
8	主轴孔锥度			7∶24　ISO
9	主轴最高转速		r/min	5 000
10	主轴电机功率		kW	5.5, 7.5
11	快速移动速度	X 轴	mm/min	10 000
		Y 轴	mm/min	
		Z 轴	mm/min	
12	进给速度范围		mm/min	1～4 000
13	进给电机输出扭矩	X 轴	N·m	6
		Y 轴	N·m	
		Z 轴	N·m	12
14	刀柄形式			ISO 40
15	定位精度	X 轴	mm	0.05
		Y 轴	mm	0.04
		Z 轴	mm	0.05
16	重复定位精度		mm	0.02
17	机床外形尺寸		mm	2 500×2 600×2 600
18	机床净重		kg	3 000

序号	项目	单位	规格
19	数控系统		FANUC 0i
20	电网电压	V	380±10%
21	频率	Hz	50
22	电源总功率	kW	12

10.2.2 XH714立式加工中心主要结构特点

10.2.2.1 工作台、床鞍、床身

床身的后上方安装立柱,在其下方设有 8 个机床安装调节孔,便于整台机床的安装和水平调整。工作台在床鞍的上方直线滚动导轨上作纵向运动,构成 X 轴。床鞍在床身的前上方直线滚动导轨上作横向运动,构成 Y 轴。

X 和 Y 轴由交流伺服电机通过膜片弹性联轴器直接与滚珠丝杠连接,如图 10-9 所示。采用直线滚动导轨副,确保机床具有良好的动、静摩擦特性和精度保持性。

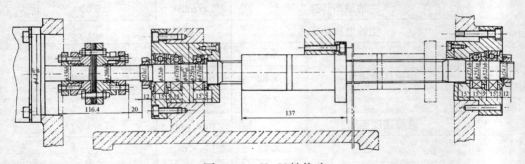

图 10-9 X、Y 轴传动

10.2.2.2 立柱

立柱通过螺钉安装在床身的后上方,主轴箱在立柱前面的直线滚动导轨上做垂向运动,构成 Z 轴。Z 轴由交流伺服电机通过膜片弹性联轴器直接与滚珠丝杠连接。机床的润滑装置安放在立柱侧面,立柱背部是机床的电气柜。

Z 轴在运动的极限位置均装有行程极限开关,与系统软极限设定一起作为行程的极限和超程报警。

X 轴、Y 轴和 Z 轴方向均有防切屑的导轨防护装置。

10.2.2.3 主传动系统

(1)主轴传动机构 交流伺服电机功率为 7.5/11 kW,经过同步带轮副直接传入主轴,有效降低了主轴系统的噪声,有利于提高主轴的输出转速,主轴转速40～5 000 r/min。主轴转速和功率的关系如图10-10(a)所示,主轴转速和扭矩的关系如图10-10(b)所示。

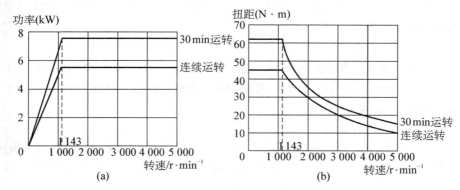

图 10-10　主轴转速和功率、扭矩的关系

(2) 刀具自动夹紧松刀机构　主轴刀柄采用碟形弹簧产生的 8 000 N 弹力拉紧,采用刀柄为 7∶24 ISO 拉钉。主轴松刀机构的动力来自专用增压气缸。增压缸能将来自气源的低压力增大,使之作用于油缸活塞杆,推动主轴拉杆实现松刀。

(3) 主轴准停　主轴定位是由主轴发讯装置来实现的。主轴和主轴位置编码器,通过传动比 1∶1 的同步带轮副连接,控制主轴的径向位置。

(4) 主轴部件　主轴轴承布置为两点形式,采用高精度预压成组轴承B7012ETPA/D4UL,保证主轴的高精度和高速度特性,如图10-11所示。主轴

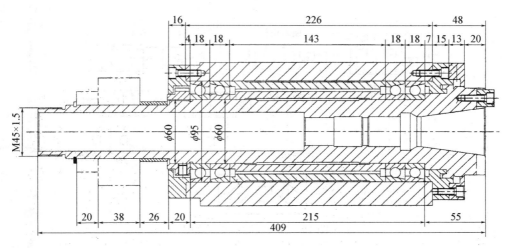

图 10-11　主轴部件

轴承系统用 FAG 专用高速润滑脂润滑,应每隔 4 年或 8 000 h 对其清洁,检查后,再用润滑脂润滑。由于此维护时间间隔仅仅为平均值,故必须注意不损坏主轴轴承。

为保证主轴高转速输出,主轴传动系统在装配时已作了动平衡试验,避免因主轴高速而产生振动。

10.2.2.4 刀库

采用由专业工厂制造的斗笠式刀库,特点是不需要机械手,而由刀库主体运动送刀。其结构简单、所占空间小、控制简单,故障率也低。但送刀与取刀动作不能同时进行,因此换刀速度较慢。

10.2.2.5 润滑系统

(1)导轨和滚珠丝杠润滑 X、Y 和 Z 轴导轨及滚珠丝杠的润滑,通过定量分配润滑系统进行。采用 90 号导轨油,每隔 15 分钟由自动活塞式润滑泵供油一次。

(2)主轴传动装置润滑 主轴装置轴承必须经过清洁和检查后用 FAG 专用高速润滑脂进行润滑。

(3)其他部件润滑 各进给系统的滚动轴承和其他部件中的滚动轴承必须经过清洁检查后用 3 号特种润滑脂进行润滑。

10.2.2.6 气动系统

主轴中心孔的吹屑、主轴换刀时的松刀动作以及刀库移动所需动力都是由气动装置提供的。需要时,通过电讯号发出指令。气动系统工作原理如图 10 - 12 所示。

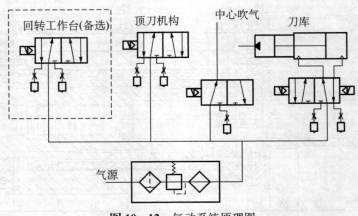

图 10 - 12 气动系统原理图

10.2.3 机床的操作

本机床采用 FANUC 0i MA 数控系统,操作面板如图 10 - 13 所示。

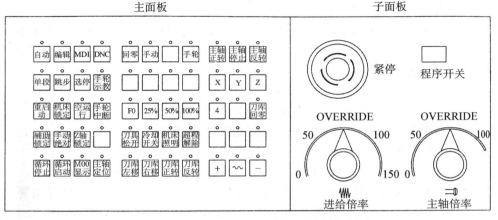

图 10 - 13 FANUC 0i MA 数控系统操作面板

10.2.3.1 机床的通电与关机

(1)通电前检查 为保证机床安全、可靠运行,减少故障发生率,在第一次开机前,必须检查以下各项:

① 检查数控系统、驱动器、主轴电机、伺服电机等所有电器元器件经运输后是否完好。

② 检查所有螺钉、螺帽、压接端子、接线端子、插头等是否松动。

③ 检查所有接地保护是否紧固,是否与车间地线可靠连接。

④ 面板上的紧停按钮是否在复位状态。

⑤ 检查所有行程开关是否紧固,工作台是否处于有效工作范围内。

⑥ 检查导轨润滑油是否加满。

⑦ 检查进线电源及相序。进线电源 3φ4 线,380 V±10%, 50 Hz。检查冷却泵是否正转,主轴电机的风扇是否正转。如果相序不对,则需要调相。

(2)通电步骤 通电按下列步骤:

① 切断电箱里所有空气开关。

② 按下操作箱上的红色蘑菇紧停按钮。

③ 打开电箱,合上空气开关 QF1,检查三相是否平衡,是否为 380 V。

④ 检查变压器输出是否为 AC200 V,是否平衡。

⑤ 合上 QF2、QF4 空气开关,测量电源模块插头 CX1A(1)、(2)是否为 AC220 V。

⑥ 合上 QF7、QF8、QF10、QF11 等空气开关,分别测量 24L、110L、220L、+24L1、+24L2 等是否正常。

⑦ 全部正常后,合上所有空气开关。

⑧ 启动操作面板上的绿色按钮,系统通电,释放紧停按钮,LCD 出现主菜单。

(3)关机步骤　关机步骤如下:

① 确认机床加工完毕。

② 确认机床的全部运动已经停止。

③ 手动操作将 X、Y、Z 轴 3 向运行至各轴中间。

④ 按下操作面板的紧停按钮(红色按钮),主菜单消失。

⑤ 切断 QF1 空气开关。

10.2.3.2　机床的回零操作

在机床自动运行前,都必须先执行参考点返回操作,否则将产生 224 号报警。

(1)手动回参考点　每次开机,X、Y、Z、B 等 4 轴均需回参考点,在[回零]方式下,按[Z]按钮,Z 方向先回零。LCD 左下方显示"ZRN",当 Z 向回零完成后,退刀让出工件,X、Y 再回零。X、Y 回零方法同上。回零速度为 G00 快进的 25%,即[25%]的指示灯亮。

刀库回参考点,在[回零]方式下,按下[刀库回零]按钮,使刀库回零。刀库回零的操作仅在故障恢复时使用,因为刀库位置有记忆功能,正常情况下不必回零。

(2)自动回参考点　在[AUTO]或[MDI]模式下,若执行指令 G28 X_;Y_;Z_;则返回第一参考点;若执行指令 G30 X_;Y_;Z_;则返回第二参考点。

其中坐标名称后面的数字是机床通过这一点再返回参考点。这一点应是当前绝对坐标(G90)或相对坐标(G91)的点。注意避免机床撞向工件、转台等。

10.2.3.3　机床的超程保护

机床的超程保护有软限位超程保护和硬限位保护两种。

(1)软限位超程保护　根据本机安全工作范围,在 X、Y 和 Z 轴正、负向设定了软件极限。只有当 X、Y、Z 三向回零建立参考点后,软限位才起超程保护作用。

(2)硬限位保护　当系统、伺服出现异常或操作不当,X、Y 和 Z 轴任意一轴碰到硬限位,伺服和数控系统立即紧停,X、Y 和 Z 轴立即停止运行,LCD 上产生 1000 号报警。

(3)解除方法　选中[手动]方式,压下操作面板上的[超程释放]键不放,此时该键上的指示灯闪亮,消除 LCD 上的报警,按超程方向的反方向键返回,离开硬限位即可。注意:此时机床已无任何限位保护,切记不要将移动方向搞反!硬限位解除后,机床需重新回零。

10.2.3.4　机床使用的 M 代码

本机床所使用的 M 代码见表 10-6。

表 10-6　本机床使用的 M 代码

序号	M 代码	功能说明	序号	M 代码	功能说明
1	M00	程序停止	12	M30	程序结束(返回)
2	M01	程序选停	13	M81	刀库回退
3	M02	程序结束(不返回)	14	M82	刀库移向主轴
4	M03	主轴正转	15	M83	刀具松开
5	M04	主轴反转	16	M84	刀具夹紧
6	M05	主轴停止	17	M85	刀库寻主轴空刀座
7	M08	冷却泵开	18	M86	换刀模式
8	M09	冷却泵关	19	M87	换刀模式解除
9	M10	A 轴松开	20	M88	刀库寻刀
10	M11	A 轴夹紧	21	M89	子程序返回
11	M19	主轴定位			

10.2.3.5　手动数据输入(MDI)操作

手动数据输入(MDI)操作用于输入单段指令并执行,输入刀具偏移补偿值,输入工件坐标系、宏程序变量,修改定时器、计时器设定值,修改 PC 功能参数 K12、K18 等,修改刀具数据等。

选中[MDI]方式,此时 LCD 上显示"MDI",按 MDI 面板上的[PRGRM]键,手动输入数控加工程序,执行[循环启动]。如果在机床各向没回参考点情况下,按[循环启动],机床将不能启动,并产生 224 号报警。

10.2.3.6　自动操作

按下[自动]键,按面板上的[PRGRM]键,选中某个数控加工程序 0 * * *,(* * *代表程序号),执行[循环启动],机床开始加工。进给倍率可通过进给倍率开关调整,快速倍率可选[F0]、[25%]、[50%]、[100%],开机缺省倍率为 25%。如果在机床各向没回参考点情况下,按[循环启动],机床将不能启动,并产生 224 号报警。

10.2.3.7　手动移动坐标轴和刀库的操作

（1）手动连续进给（JOG）　按下[手动]键，LCD 出现"JOG"。进给倍率可通过进给倍率开关调整，选[X]轴，按[＋]或[－]，则 X 轴正向或负向移动。若参考点已经建立，选[X]轴和组合键[∽]，按[＋]或[－]，则 X 轴正向或负向快速移动。Y、Z 操作方法同上。快速倍率可选[F10]、[25%]、[50%]、[100%]，开机缺省倍率为 25%。

（2）手动刀库操作　按下[手动]键，按[刀库左移]＋[刀库互锁]，则刀库向左移动。按[刀库右移]＋[刀库互锁]，则刀库向右移动。注意：主轴须处于换刀点 1 或换刀点 2，否则容易发生碰撞。手动控制刀库移动主要用于维修、调整刀库等。一般情况下，不需要手动控制刀库。

10.2.3.8　在线自动操作（DNC）、数据的双向传送

连接机床与计算机之间的通讯电缆之前，机床和计算机必须处于关机状态。机床回零完成后，选中[DNC]方式，执行[循环启动]，机床处于等待状态。在计算机中，启动通讯软件，选中要加工的数控程序，一边传送，机床就可一边加工。此方式特别适合大型的程序或模具加工。进给倍率可通过进给倍率开关调整，快速倍率可选[F10]、[25%]、[50%]、[100%]。注意：不要带电热插拔通讯电缆。机床的通讯参数与计算机的通讯参数应一一对应；在[编辑]方式下，可实现零件程序、CNC 参数、宏程序、工件坐标系、刀具偏置表等系统与计算机之间的双向传送。

10.2.3.9　手脉的操作

在[手轮]方式下，选中手脉倍率×1、×10、×100 中的一种，×1、×10、×100 分别代表每个脉冲走 1、10、100 μm。选择 X、Y 或 Z 轴中的一轴，正向旋转手脉发生器，则轴正向移动；反向旋转手脉发生器，则轴反向移动。

10.2.3.10　冷却泵开、关

执行 M08 指令，则冷却泵开；执行 M09 指令，则冷却泵关。手动按[冷却]键一次，则冷却泵开，再按[冷却]键一次，则冷却泵关。

10.2.3.11　主轴运转

主轴转速为 40～6 000 r/min。主轴倍率使用主轴倍率开关在 50～120% 之间调整。

在[AUTO]或[MDI]方式下，执行 M03 S_指令，则主轴正转；执行 M04 S_指令，则主轴反转；执行 M05 指令，则主轴停止。执行 M19 指令，则主轴定位。

在[JOG]方式下，主轴转速设定后，手动按下[主轴正转]键，则主轴正转；手动按下[主轴反转]键，则主轴反转。手动按下[主轴停止]键，则主轴停止。手动按下[主轴定位]键，则主轴定位。

10.2.3.12　机床操作面板各键及指示灯功能说明

［自动］　自动方式选择及指示灯,用于设定自动运行方式。

［编辑］　编辑方式选择及指示灯,用于设定程序编辑方式。

［MDI］　MDI 方式选择及指示灯,用于设定 MDI 方式。

［回零］　返回参考点返回方式选择及指示灯,用于设定参考点方式。

［手动］　JOG 进给方式选择及指示灯,用于设定 JOG 进给方式。

［手轮］　手摇脉冲发生器方式选择及指示灯,用于设定手轮进给方式。

［DNC］　在线加工 DNC 方式选择及指示灯,用于设定在线加工方式。

［手动示教］　手动(手轮)示教方式选择及指示灯,用于设定手动(手轮)示教方式。

［单段］　单程序段选择及指示灯,一段一段执行程序;用于检查程序。

［跳步］　程序段删除(可选程序段跳过)及指示灯,自动操作中按下该按钮,跳过程序段开头带有"/"和";"结束的程序段。

［选停］　程序选择停止及指示灯,执行程序中 M01 指令时,停止自动操作。

［重启动］　程序重启动及指示灯,由于刀具破损或节假日等原因自动操作停止后,程序可从指定的程序段重新启动。

［机床锁住］　机械锁住及指示灯,自动方式下按下此键,各轴不移动,屏幕上显示坐标的变化。

［空运行］　空运行,自动方式下按下此键,各轴不以编程速度而以手动进给速度移动。此功能用于无工件装夹检查刀具的运动。

［手轮中断］　自动运行期间可在自动移动的坐标值上叠加手轮进给的移动距离,通过手轮中断选择信号选择手轮中断轴。

［辅助锁住］　辅助功能 M、S、T 锁住。自动方式下按下此键,执行程序跳过M、S、T 功能。注意:在自动方式下执行 M、T 换刀过程中,不要按下该按钮,否则 M 功能不执行,刀库与主轴可能发生碰撞。为安全起见,机械锁住同时起作用。

［手动绝对］　手动运行(JOG 进给和手轮进给)中移动机床时,选择移动量是否加到工件坐标系的当前位置。

［Z 轴锁住］　Z 轴锁住。自动方式下按下此键,Z 轴不移动,其余轴可以移动。

［循环起动］　循环起动键及指示灯,自动操作开始。

［循环停止］　程序循环停止键及指示灯,自动操作停止。

［M00］　程序停(只用于输出),自动操作中用 M00 程序停止时,该显示灯亮。

［F0］　快速进给倍率及指示灯。

［25%］　快速进给倍率、回零倍率及指示灯。

[50%] 快速进给倍率及回零倍率及指示灯。

[100%] 快速进给倍率及回零倍率及指示灯。

[刀具松开] 刀具手动松开;一般用于交换刀具。

[冷却开关] 手动方式下冷却开或关及指示灯。

[刀库左移]+[刀库互锁] 刀库向左移动。

[刀库右移]+[刀库互锁] 刀库向右移动。

[超程释放] 机床超程下,此按钮可解除机床的紧停报警。

[主轴正转] 主轴正方向旋转及指示灯。

[主轴反转] 主轴反方向旋转及指示灯。

[主轴停止] 主轴停止旋转及指示灯。

[主轴高档] 主轴变高档及指示灯。

[主轴低档] 主轴变低档及指示灯。

[X] 手动 X 向进给选择或回原点及指示灯。

[Y] 手动 Y 向进给选择或回原点及指示灯。

[Z] 手动 Z 向进给选择或回原点及指示灯。

[+] 手动正向进给选择及指示灯。

[-] 手动负向进给选择及指示灯。

[∽] 快速进给及指示灯,按下此键后,执行手动快速进给。

[刀库回零] 刀库回零。

10.2.4 PLC 报警信息及说明

PLC 报警信息及原因与对策见表 10-7。

表 10-7 PLC 报警信息及原因与对策

报警号	报警内容	原因与对策
1000	Emergency Stop	原因:X、Y、Z 超程或急停开关未释放或限位开关断线
		措施:按[超程式解除]按钮,并反向退出。检察线路
1001	Tool No. error	原因:T 码超出范围
		措施:指定 T 码范围 0~16
1002	Current pocket error	原因:执行 T 码时,当前刀座不是主轴刀具要返回的刀座
		措施:手动使刀库当前刀座与主轴刀号相对应

续　表

报警号	报警内容	原因与对策
1003	Tool clamp when p2 to p3	原因:换刀过程中,刀具松开到位信号丢失
		措施:检查气压,调整刀具松开到位开关
1004	Magazine position error	原因:刀库左移到位信号丢失。非换刀时刀库右移到位
		措施:手动模式,使刀库左移到位
1005	A clamp status	原因:A 轴处于夹紧状态
		措施:检查 A 轴夹紧/放松开关或指令 A 轴松开 M 代码
1006	No empty pocket for search	原因:刀库没有空刀座
		措施:检查刀具表是否正确
1007	Tool in spindle	原因:T 码与主轴上刀具号相同
		措施:指令其他刀号
1008	Lube alarm	原因:导轨润滑油位太低
		措施:给导轨润滑泵加润滑油
1009	Door open status	原因:防护门被打开
		措施:关闭防护门
3000	M06 Withort T Code	原因:在某一程序块只有 M06
		措施:把 T 码和 M06 写在一个块中

复习思考题

1. 比较 CKA6136i 型数控车床主轴箱的 3 种形式,如果专用于小型零件的精加工,应选哪种形式较合适?

2. CKA6136i 型数控车床如何手动回零?

3. 在 CKA6136i 型数控车床上如何使用液压卡盘与液压尾架?

4. 什么叫机械原点、参考点和软限位? 在 CKA6136i 型数控车床上使用绝对编码器时如何设置参考点及软限位?

5. 当发现电网电压过高或过低时,应如何调整变压器接线?

6. XH714 立式加工中心的刀具是如何自动夹紧和卸刀的?

7. XH714 立式加工中心使用的斗笠式刀库有何特点?

8. 数控机床通电前应检查哪些方面？

9. XH714 立式加工中心如何执行回零操作？

10. 手动数据输入（MDI）用于哪些操作？ 如何进行？

11. 如何手动连续进给某轴？

12. 如何进行在线自动操作（DNC）和数据的双向传送？

13. XH714 立式加工中心超程保护后，如何解除？

14. "Emergency Stop"的原因和措施？

附　　录

常用机床组、系代号及主参数

类	组	系	机床名称	主参数的折算系数	主参数	第二主参数
车床	1	1	单轴纵切自动车床	1	最大棒料直径	
		2	单轴横切自动车床	1	最大棒料直径	
		3	单轴转塔自动车床	1	最大棒料直径	
	2	1	轴棒料自动车床	1	最大棒料直径	轴数
		2	多轴卡盘自动车床	1/10	卡盘直径	轴数
		3	立式多轴半自动车床	1/10	最大车削直径	轴数
	3	0	回轮车床	1	最大棒料直径	
		1	滑鞍转塔车床	1/10	卡盘直径	
		2	滑枕转塔车床	1/10	卡盘直径	
	4	1	曲轴车床	1/10	最大工件回转直径	最大工件长度
		6	凸轮轴车床	1/10	最大工件回转直径	最大工件长度
	5	1	单柱立式车床	1/100	最大车削直径	最大工件长度
		2	双柱立式车床	1/100	最大车削直径	最大工件长度
	6	0	落地车床	1/100	最大工件回转直径	最大工件长度
		1	卧式车床	1/10	床身上最大工件回转直径	最大工件长度
		2	马鞍车床	1/10	床身上最大工件回转直径	最大工件长度
		4	卡盘车床	1/10	床身上最大工件回转直径	最大工件长度
		5	球面车床	1/10	刀架上最大工件回转直径	最大工件长度
	7	1	仿形车床	1/10	刀架上最大工件回转直径	最大工件长度
		5	多刀车床	1/10	刀架上最大工件回转直径	最大工件长度
		6	卡盘多刀车床	1/10	刀架上最大工件回转直径	
	8	4	轧辊车床	1/10	最大工件回转直径	最大工件长度
		9	铲齿车床	1/10	最大工件回转直径	最大模数

类	组	系	机床名称	主参数的折算系数	主参数	第二主参数
钻床	1	3	立式坐标镗钻床	1/10	工作台面宽度	工作台面长度
	2	1	深孔钻床	1/10	最大钻孔直径	最大钻孔深度
	3	0	摇臂钻床	1	最大钻孔直径	最大跨距
	3	1	万向摇臂钻床	1	最大钻孔直径	最大跨距
	4	0	台式钻床	1	最大钻孔直径	
	5	0	圆柱立式钻床	1	最大钻孔直径	
	5	1	方柱立式钻床	1	最大钻孔直径	
	5	2	可调多轴立式钻床	1	最大钻孔直径	轴数
	8	1	中心孔钻床	1	最大钻孔直径	最大工件长度
	8	2	平端面中心孔钻床	1	最大钻孔直径	最大工件长度
镗床	4	1	立式单柱坐标镗床	1/10	工作台面宽度	工作台面长度
		2	立式双柱坐标镗床	1/10	工作台面宽度	工作台面长度
		6	卧式坐标镗床	1/10	工作台面宽度	工作台面长度
	6	1	卧式镗床	1/10	镗轴直径	
		2	落地镗床	1/10	镗轴直径	
		9	落地铣镗床	1/10	镗轴直径	铣轴直径
	7	0	单面卧式精镗床	1/10	工作台面宽度	工作台面长度
		1	双面卧式精镗床	1/10	工作台面宽度	工作台面长度
		2	立式精镗床	1/10	最大镗孔直径	
磨床	0	4	抛光机			
		6	刀具磨床			
	1	0	无心外圆磨床	1	最大磨削直径	
		3	外圆磨床	1/10	最大磨削直径	最大磨削长度
		4	万能外圆磨床	1/10	最大磨削直径	最大磨削长度
		5	宽砂轮外圆磨床	1/10	最大磨削直径	最大磨削长度
		6	端面外圆磨床	1/10	最大回转直径	最大工件长度

类	组	系	机床名称	主参数的折算系数	主参数	第二主参数
	2	1	内圆磨床	1/10	最大磨削孔径	最大磨削深度
		5	立式行星内圆磨床	1/10	最大磨削孔径	最大工件深度
	3	0	落地砂轮机	1/10	最大砂轮直径	
	4	1	单柱坐标磨床	1/10	工作台面宽度	
		2	双柱坐标磨床	1/10	工作台面宽度	
	5	0	落地导轨磨床	1/100	工作台面宽度	最大磨削长度
		2	龙门导轨磨床	1/100	最大磨削宽度	最大磨削长度
	6	0	万能工具磨床	1/10	工作台面宽度	最大工件长度
		3	钻头刃磨床	1	最大刃磨钻头直径	
	7	1	卧轴矩台平面磨床	1/10	工作台面宽度	工作台面长度
		3	卧轴圆台平面磨床	1/10	工作台面直径	
		4	立轴圆台平面磨床	1/10	工作台面直径	
	8	2	曲轴磨床	1/10	最大回转直径	最大工件长度
		3	凸轮轴磨床	1/10	最大回转直径	最大工件长度
		6	花键轴磨床	1/10	最大磨削直径	最大磨削长度
	9	0	曲线磨床	1/10	最大磨削长度	
齿轮加工机床	2	0	弧齿锥齿轮磨齿机	1/10	最大工件直径	最大模数
		2	弧齿锥齿轮铣齿机	1/10	最大工件直径	最大模数
		3	直齿锥齿轮刨齿机	1/10	最大工件直径	最大模数
	3	1	滚齿机	1/10	最大工件直径	最大模数
		6	卧式滚齿机	1/10	最大工件直径	最大模数或长度
	4	2	剃齿机	1/10	最大工件直径	最大模数
		6	珩齿机	1/10	最大工件直径	最大模数
	5	1	插齿机	1/10	最大工件直径	最大模数
	6	0	花键轴铣床	1/10	最大铣削直径	最大铣削长度

类	组	系	机床名称	主参数的折算系数	主参数	第二主参数
	7	0	碟形砂轮磨齿机	1/10	最大工件直径	最大模数
		1	锥形砂轮磨齿机	1/10	最大工件直径	最大模数
		2	蜗杆砂轮磨齿机	1/10	最大工件直径	最大模数
	8	0	车齿机	1/10	最大工件直径	最大模数
	9	3	齿轮倒角机	1/10	最大工件直径	最大模数
		9	齿轮噪声检查机	1/10	最大工件直径	
螺纹加工机床	3	0	套丝机	1	最大套丝直径	
	4	8	卧式攻丝机	1/10	最大攻丝直径	轴数
	6	0	丝杠铣床	1/100	最大铣削直径	最大铣削长度
		2	短螺纹铣床	1/10	最大铣削直径	最大铣削长度
	7	4	丝杠磨床	1/10	最大工件直径	最大工件长度
		5	万能螺纹磨床	1/10	最大工件直径	最大工件长度
	8	6	丝杆车床	1/100	最大工件长度	最大工件直径
		9	多头螺纹车床	1/10	最大车削直径	最大工件长度
铣床	2	0	龙门铣床	1/100	工作台面宽度	工作台面长度
	3	0	圆台铣床	1/100	工作台面直径	
	4	3	平面仿形铣床	1/10	最大铣削宽度	最大铣削长度
		4	立体仿形铣床	1/10	最大铣削宽度	最大铣削长度
	5	0	立式升降台铣床	1/10	工作台面宽度	工作台面长度
	6	0	卧式升降台铣床	1/10	工作台面宽度	工作台面长度
		1	万能升降台铣床	1/10	工作台面宽度	工作台面长度
	7	1	床身铣床	1/100	工作台面宽度	工作台面长度
	8	1	万能工具铣床	1/10	工作台面宽度	工作台面长度
	9	2	键槽铣床	1	最大键槽宽度	
刨插床	1	0	悬臂刨床	1/100	最大刨削宽度	最大刨削长度
	2	0	龙门刨床	1/100	最大刨削宽度	最大刨削长度
		2	龙门铣磨刨床	1/100	最大刨削宽度	最大刨削长度

类	组	系	机床名称	主参数的折算系数	主参数	第二主参数
	5	0	插床	1/10	最大插削长度	
	6	0	牛头刨床	1/10	最大刨削长度	
拉床	3	1	卧式外拉床	1/10	额定拉力	最大行程
	4	3	连续拉床	1/10	额定拉力	
	5	1	立式内拉床	1/10	额定拉力	最大行程
	6	1	卧式内拉床	1/10	额定拉力	最大行程
	7	1	立式外拉床	1/10	额定拉力	最大行程
	9	1	气缸体平面拉床	1/10	额定拉力	最大行程
锯床	5	1	立式带锯床	1/10	最大锯削厚度	
	6	0	卧式圆锯床	1/100	最大圆锯片直径	
	7	1	夹板卧式弓锯床	1/10	最大锯削直径	
其他机床	1	6	管接头车丝机	1/10	最大加工直径	
	2	1	木螺钉螺纹加工机	1	最大工件直径	最大工件长度
	4	0	圆刻线机	1/100	最大加工直径	
		1	长刻线机	1/100	最大加工长度	

参 考 文 献

1. 贾亚洲. 金属切削机床概论[M]. 北京:机械工业出版社,2010.
2. 吴国华. 金属切削机床[M]. 北京:机械工业出版社,2009.
3. 顾维邦. 金属切削机床[M]. 北京:机械工业出版社,1999.
4. 张普礼. 机械加工设备[M]. 北京:机械工业出版社,2009.
5. 马幼祥. 机械加工基础[M]. 北京:机械工业出版社,2005.
6. 刘坚. 机械加工设备[M]. 北京:机械工业出版社,2001.
7. 吴祖育、秦鹏飞. 数控机床(第3版)[M]. 上海:上海科学技术出版社,2011.
8. 熊光华. 数控机床[M]. 北京:机械工业出版社,2003.
9. 赵长明、刘万菊. 数控加工工艺及设备[M]. 北京:高等教育出版社,2008.